U0290225

REMARKABLE TREES OF THE WORLD

秘境里的奇树

〔英〕托马斯·帕克南 著
张 微 姚玉枝 彭 文 译

商務印書館 The Commercial Press
2019年·北京

Remarkable Trees of the World

Text and photographs © Thomas Pakenham 2002

First published by the Orion Publishing Group，London

中文译本根据伦敦奥利昂出版集团2002年英文版翻译，由商务印书馆·涵芬楼文化出版。

涵芬楼文化 出品

左页图：“参议院”——加利福尼亚巨杉国家公园的一组擎天巨杉

墨西哥图莱的落羽杉，世界上树围最大的树

目　录

第四章 梦想

第五章 岌岌可危

前　言

1996年，我的书《英伦寻树记》著成，那些知道我写过非洲史的朋友都颇感惊奇。那本书出版之后，我对出版社表示，我又有了更出奇的想法，我还想要写一本关于60棵树的书。这个想法似乎打动了大众的心弦。他们写信告诉我，他们十分喜欢树木，但是却羞于承认。我的一位南非朋友说我是他们家的英雄："你知道吗？我母亲95岁，已经半失明了。她认为你的书真是太精彩了。"但愿所有这些不会冲昏我的头脑。

我依据三个标准选择了60棵树。每一棵树必须还活（或者即使死去，依然屹立）在大不列颠或者爱尔兰。它必须个性张扬到当我和夫人（她并不像我这样狂热地爱树）一起走近它时，情不由已失声赞叹。它还必须颜值很高，这意味着在我镜头里的树肖像是一颗明星。

我现在又以同样标准选择了60棵树，只有一点不同：这棵树不一定非得是英格兰的或者爱尔兰的，而可能遍布世界。出版社大胆地给了我尽情发挥的机会，谁又忍心拒绝这诱惑呢？我踏遍世界，度过了四年野外生活，以挑剔的目光渴寻着每一棵个性张扬的树。正如上一部书，这部新书也不会教你如何辨别一棵树，更不要说去种树。但是，它会让你看见未曾遇见过的树。当它出现在你的眼前，你也会情不由己地失声赞叹。

有时，我们寻找一棵古老的树，就像一个猎人搜遍森林跟踪一头犀牛，结果发现树已死亡。还有更糟糕的，这棵树扑倒在你的花园中，被狂风暴雨折断或者摧毁。十年前，在我爱尔兰的家中，花园里处处可见200岁的水青冈。我最喜爱的那棵伟岸桀骜，分出了五枝主干。它是《英伦寻树记》中的明星，披银素裹的巨人，出现在书的封面和内容之中。不过那种景象已经不复存在了。下页中的这两幅照片分别拍摄于1999年节礼日[1]的暴风雪前后。如今它仍然躺在风雨中，五支主干颓然地匍匐在地，像一只大手，更像是一尊雕塑而非一具尸体。我没有勇气把它们当作劈柴砍断：对于它，我怀有丧亲

1　编注：圣诞节后的第一个工作日。

之痛。

在20世纪90年代，我爱尔兰的老朋友们也失去了巨大的水青冈，这些损失让我萌生写作《英伦寻树记》的想法。我早已把树当作我的忘年老友。而关于这本新书的灵感则来自两次截然不同的遭遇。

一棵树的终结：1999年12月26日的一场暴风雪之前和之后

第一次奇遇发生于1992年，迷人的美国玛撒葡萄园岛上。我在埃德加敦的主街道上信步游览，一棵巨大的槐树（*Sophora japonica*）从街边跳入我的眼前，好似一头海豚从池中纵身跃起。“我的天啊！”我不由地喊出声来。这一定是槐树之王，它一定是中国和日本之外世界上最大的槐树。后来有个渊博的朋友告诉我，我猜对了。但是，当我跑去美国冠军树登记处—— 一个树木协会的名录中去查询，我没有找到这棵中国巨树的记录。它是被一位船长托马斯·弥尔顿带到玛撒葡萄园岛的，很显然是随意种植的。这棵树的身世与我奇遇这棵大槐树的经历同样令人惊奇。这棵树没被登记，是因为它既不是本地树种，也不是自然长成的。它是外来的，因此不在冠军树名册之列，算不上什么名树，无冠无冕：按照登记处的规则，它不存在。“我的天啊！”我又是一声感叹。从一棵来自中国的参天巨槐可以想见，美国一定还有很多珍奇树木，一定珍奇得、多得超出你的想象。十年之后，我明白了我是对的。欧洲几乎所有古老的森林在几个世纪之前就被砍伐光了。但是，这些树在美国还幸存着，尤其是在美国西部。对于那些孜孜不舍追寻树的踪迹的人，美国西部是古森林天堂的隔世重现。

第二次奇遇发生在1996年的南非。我正在为《英伦寻树记》的推广在购物中心做巡展。我和善的出版商向我描述了一个动人的周末场

马萨诸塞州玛撒葡萄园岛埃德加敦街道上的槐树，人们相信，它栽种于1833年，是被托马斯·弥尔顿船长盛在花盆里，从东方带回来的

景：几头大象在几棵猴面包树下悠闲踱步。吞下几粒抗疟疾的药片，我们驾车300英里（约482.8公里）奔向克鲁格国家公园。我对大象了解得不多，不过猴面包树可以给我们一些启示——它们很像大象，但比大象更加令人着迷。还没到公园，在克雷泽里，我们遇到一棵巨大的有洞的树。它曾经在19世纪80年代的淘金潮中被用作酒吧。这个树洞酒吧足够宽敞，在那个年代可以并排坐下15个金矿工人。现在树洞酒吧的门已经被新长出来的树干几乎封上了，里面也只剩下了空酒瓶。但是这次奇遇只是与猴面包树“危险的恋爱”的开始。我需要像一个修士那样自律，才不至于让猴面包树占满整本书。

与另一本书一样，这本书也很少涉及传统植物园中的树。我只根据树的个性来选取：巨树、侏儒树、寿星树、梦想树和岌岌可危的树。第一本中的树多数是从其他国家引入英国的树种，与此不同的是，这一本的60棵树大多数是各地的本地树种。其中一些是这种树的树王，有着古老的树龄和巨大的体型，据我所知，有些巨树的后代还生活在英国和爱尔兰。

在巨树中，有一棵被称为“谢尔曼将军树”，是加利福尼亚一棵巨大的巨杉，它至少重达1500吨，是世界上最大的树，实际上也是世界上最大的生物。（我没有算上巨型真菌，它足有一个足球场大小，隐藏在密歇根州。没有人见过它，因为它长在地底。它不是单独个体，而是一个真菌群落。）在寿星树中，我还选择了加利福尼亚怀特山上寒风中的长寿松，据说有一棵已经4600多岁了，是迄今科学家们测量过的最古老的树。圣树中包括了世界上最神圣的树，比如作为日本神道教的圣树而保存的巨大的樟树；还有斯里兰卡2200年树龄的菩提树，它是由佛陀开悟的那棵菩提扦插长成的。岌岌可危的树是被那些偷伐者觊觎的，还有被贫穷的森林人所砍伐而导致即将灭绝的树。例如，马达加斯加外来的猴面包树，现在正由于过度耕种而快要被砍伐光了；还有沿太平洋的美国和加拿大的巨云杉、花旗松和北美乔柏，环境保护者已经为了它们与偷伐者争战了几十年。

四年的旅行，我对所有帮助和支持我的人感激涕零。下面是一些给我最多帮助的人：

澳大利亚的朋友：雷切尔·布莱思、罗斯·英格拉姆、金斯利·狄克逊、彼得·瓦尔德、彼得和南希·昂德希尔、罗斯·泰伯、尼尔·派克、提姆·麦克马纳斯、戴维·里奇蒙德、弗朗西斯和朱莉·基更、约翰·莫顿、乔治娜，珀斯、莎莉和鲁·莱特。新西兰的朋友：林奈尔·瑞安、卡罗拉和迈克尔·哈德逊、斯蒂芬·金。在加拿大是这些朋友：莎莉和基斯·萨克雷、乔和乔安妮·朗斯里、金·麦克阿瑟和雪莉·霍兹、迈克尔·雷诺兹、戈登·威特曼和约翰·沃勒尔、吉利安·斯图尔特。土耳其的朋友：特里西娅和蒂莫西·当特、安塔利亚省的简·巴兹和瓦里·许思尼·阿克迪瑟。日本的朋友：广畠山女士、广早川、政德大和、铃木英朗、博明松山、斯蒂芬·戈莫索尔、百合子、汤姆·基利、丹尼斯·基利。葡萄牙的朋友：路易斯·万毕克。意大利的朋友：卢波·奥斯蒂、麦克·圣·佛朗西斯科兄弟、韦罗基奥。比利时和荷兰的朋友：菲利普·斯波尔博克、吉丝莲·斯波尔博克、阿兰·卡姆、杰伦·佩特。德国的朋友：何瑞波特·莱夫、吉塞拉·多耶格。法国的朋友：罗伯特·布尔迪教授、西比尔和安德烈·扎夫里尤、乔治娜·豪威尔和克里斯托弗·贝利。墨西哥的朋友：我的侄子达米安·弗雷泽和帕洛马·弗雷泽、安德里安·索普。美国的朋友：鲍勃和凯西·凡帕尔特夫妇、奇普·缪勒和安吉拉·吉诺里奥、埃夫简尼亚和朱利安·桑兹、罗恩·兰斯、盖伊·斯腾伯格、约翰·帕尔默、伊迪丝·斯宾克、戴安娜·罗恩·洛克菲勒、鲍勃·皮里。南非的朋友：吉姆·巴巴拉·贝利、

南非的克雷泽里，一棵猴面包树，淘金潮中被工人们当作酒吧

乔纳森·鲍尔和帕姆·鲍林、特雷茨·赫伯特。爱尔兰和英国的朋友：奥莉达和德斯蒙德·菲茨杰拉德、玛丽·麦克杜格尔、格雷和奈提·高里、马克·吉鲁阿尔、帕特里克和安西娅·福德、简·马蒂诺和威利·莫斯廷·欧文、克里斯托弗和珍妮·布兰德、林迪·达弗林、莫伊拉·伍兹、迈克尔和迪娜·墨菲、詹姆斯和艾莉森·斯普纳、雅基和朱利安娜·汤普森、凯特和帕特里克·卡文纳、内拉和斯坦·奥普曼、皮利·科威尔、利亚姆和莫琳·奥弗拉纳根、帕蒂和尼基·博韦、戴维和琳达·戴维斯、亚伦·戴维斯、菲昂·摩根、达莉亚和亚历山大·舒瓦洛夫、西蒙·华纳、莫里斯和罗斯玛丽·福斯特、艾丽森和布兰登·罗斯、奥布里·芬耐尔、戴维·阿尔德曼。

摩洛哥的阿加迪尔，山羊正在长满荆棘的阿甘树上歇息

我必须要特别感谢的是两位单独列出的杰出植物学家，他们指引了我的足迹和我的笔记：查尔斯·纳尔逊和斯蒂芬·斯蓬伯格。我必须要再次表达我对安杰洛·霍纳克的感激，是他推荐我使用无与伦比的林哈夫相机（尽管他警告我，我可能无法驾驭这台相机）。我一定要感谢伦敦的韦登菲尔德出版社的工作人员，他们在各个阶段辛勤工作使这本书从种子萌芽到结实的大树，像树一样长大成熟。尤其感谢安东尼·奇塔姆、迈克尔·多弗和大卫·罗利。我一定还要感谢迈克·肖、乔纳森·佩格，以及柯蒂斯·布朗文学代理公司的成员。还有我的海外出版社——纽约诺顿出版社的鲍勃·威尔，约翰内斯堡的乔纳森·鲍尔，我对他们同样充满了感激。最后，我要感谢我庞大的家庭，一个59人的大家族，包括我的兄弟姊妹、子女、孙子孙女、侄子侄女、孙侄子孙侄女。他们中很多人对这本书帮助很大，在此仅列举三位：我母亲、我的姐姐安东尼亚和我的妻子瓦莱丽。尽管她们可能并不认同于此，但她们都纵容了我对树木不计后果的喜爱。

库布岛上两棵生长在一起的猴面包树，我们从盐田登陆上岛

第一章 巨人

神树

容我讲述巨树的故事，

在已被遗忘的久远年代里，它们养育了我；

优美的梣树，擎起我能神驰的浩渺天宇，

繁密根脉

深深潜行于圣地。

——选自《瓦洛斯帕》创世篇

（译自P. B. 泰勒的英译文）

左页图：生长在新西兰怀波瓦的提·马腾·盖黑尔（毛利语森林之父）——树围最大的南方贝壳杉

毛利族人最后的神祇们

当我踏上木栈道，前往拍摄一棵名为提·马腾·盖黑尔（毛利语森林之父）和另一棵名为唐尼·马胡塔（毛利语森林之神）的南方贝壳杉时，亚热带的雨季又开始了。早在库克船长和第一批英国探险者踏上新西兰这块土地之前，毛利族人就已经给这两棵巨大的南方贝壳杉起了名字。

南方贝壳杉在毛利族人眼里是世上最巨大的生物，他们将这些树奉若神灵。19世纪，英国殖民者发现，这个树种材质精良。如今，经过两百多年的砍伐以后，在新西兰这块土地上，幸存的巨大南方贝壳杉不会超过12棵。目前，这两棵巨树生长在奥克兰以北250英里（约402.33公里）的怀波瓦国家森林里，被作为重点保护对象。但是我们再也没有机会了解其他毛利人的南方贝壳杉树神了，因为早在一个多世纪以前，那些最高最粗的南方贝壳杉就纷纷消失在伐木者的手里。

我在雨中端详起第一棵南方贝壳杉提·马腾·盖黑尔。天啊，它是当之无愧的树神！不仅由于它平滑、灰色、带皱褶的树干有着惊人的直径，它的树围最粗可达60英尺（约18.29米），再往上50英尺（约15.24米）高，也不见树围缩小一寸。树干上方，六条巨大的灰色枝干伸展而出，像张开的手指支撑起一个丛林王国。我看见上面生长着兰花、石松和一棵恐怖的绞杀植物——铁心木，它向上分叉生长，已经达到成年高度，又向下长出一条长长的寄生根，就像一条排水管。（你也许会想，这株绞杀植物竟然打算以蛇吞象。但是对于这个贪婪的家伙，即使需要百年等待又算什么。）

雨停了，在湿滑的木栈道上，我将沉重的林哈夫相机拧紧到三脚架上。栈道边的指示牌警告游客不要离开木栈道。但我确实需要有个人站在南方贝壳杉旁边作为一个高度参照。我应该，或者说我敢于去做这个参照吗？虽然栈道的设计是为了保护树根免受无数游人随意踩踏，但也使我无法拍出漂亮的照片。不过，还是有办法可以应对这些死规定的，朋友们给我介绍了一位和蔼可亲的生态学家，斯蒂芬·金，他需要定期攀爬到南方贝壳杉树干上对那树上的丛林王国进行观察。他会像人猿泰山一样，顺着旁边一棵树上吊挂的绳子，滑降到南方贝壳杉树干上面。这是多奇妙的一幅画面啊！此时我可以看见人猿泰山的绳索垂吊在一根枝干上，但却看不到泰山的影子。

多数时候，男人需要坚持己见。我着手教会了一名胆大妄为的英国游客怎样按动我的相机快

右页图：生长在新西兰怀波瓦的唐尼·马胡塔（毛利语森林之神），是目前幸存的南方贝壳杉里体积最大的，但是伐木工曾经砍伐过很多比它更大的南方贝壳杉

门。然后，冒着生命和一世英名被毁的危险，用深红色的摄影毯子裹好自己，跳进林下灌木丛，向那棵伟岸的树干奔去。照片冲印出来，效果还是不错的（我代替读者大言不惭地自我评价）。只是我曾像老鼠钻洞一样，穿过藏在蕨类植物下的铁丝网，因此在照片上的样子看起来有点怪异。

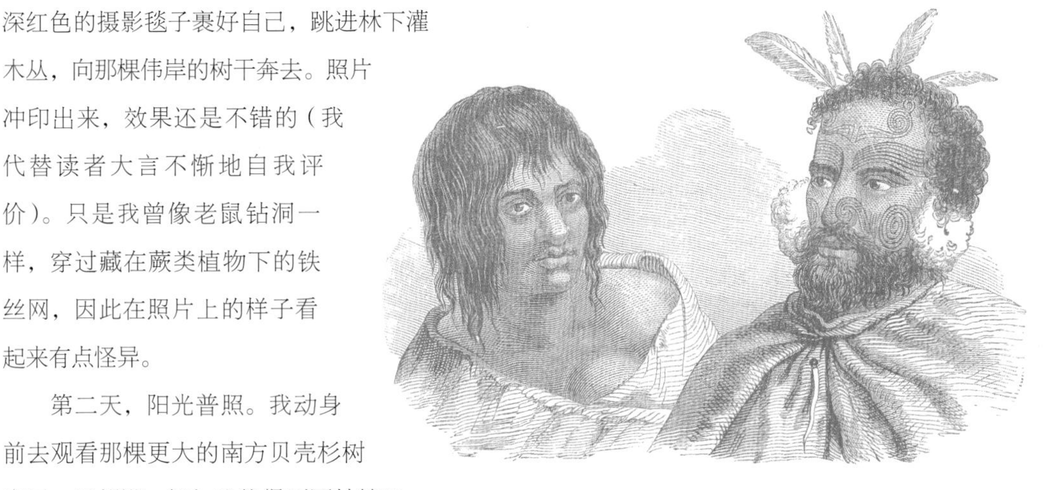

第二天，阳光普照。我动身前去观看那棵更大的南方贝壳杉树唐尼·马胡塔。假如我能得到园林管理人员的许可，应该就可以离开栈道到大树跟前去，真后悔为啥没有早点儿想到这个方法。当我向护林员提出申请时，他正在烦恼着。他对我说，他刚接到报告，就在昨天下午，一个游客无所顾忌地跨越了保护着南方贝壳杉提·马腾盖·黑尔的围栏。“那人就站在那里，对着相机镜头傻笑。他那张傻呵呵的脸上还有铁丝网刮出的血痕，他的后背都是大泥点。”我意识到，现在可不是提出近距离观看唐尼·马胡塔的合适时间，我遮掩着泥点斑斑的后背和脸上的刮痕，轻巧地溜走了。我的安分守己还是有回报的，当天下午我就听说，生态学家斯蒂芬·金正在唐尼·马胡塔旁边观察作业，他愿意配合出现在我的相机镜头里，摆个姿势。

唐尼·马胡塔只比提·马腾·盖黑尔的树围略小一点，但其他方面都要更胜一筹。它更高大，从树基部到树冠顶有150英尺（约45.72米），有很多向外舒展生长的粗大枝干。从80英尺（约24.38米）高处往上生长的树冠层也是一个空中丛林王国，长满了青苔，蕨类和绞杀植物——这里是斯蒂芬·金的另一处常常光顾的地方。我多么希望自己有足够的勇气，跟在他身后也悠荡着吊绳上去。不过那天下午他只在地面作业，修护那些被大雨重创的树根。他光着脚，穿着棕色的衣服，我发现此时与其说他像人猿泰山，倒不如说更像树精灵。当唐尼·马胡塔的照片冲印出来（见左页图），他在树干旁的身影几乎分辨不出来了。

左页图：唐尼·马胡塔的全貌

鬣狗与猴面包树

早在非洲被欧洲探险家发现之前，猴面包树（*Adansonia digitata*）的消息就已经在世界上引起了科学界的轰动。法国博物学家米歇尔·阿当松在西非海岸的佛得角群岛被当地的一棵猴面包树惊呆了。他记载了这棵树惊人巨大的尺寸（比欧洲任何一棵树都要粗两倍），它奇怪的模样（与其说它是一棵树，不如说它更像胖胖的南瓜），以及它那像木髓一样异常柔软的木质部，可供大象撕咬、咀嚼里面的树汁解渴。18世纪伟大的博物学家领袖瑞典伯爵卡尔·林奈为了表示对阿当松的敬仰，以他的名字命名了猴面包树的属。非洲的猴面包树直到如今仍让科学家们痴迷。

在撒哈拉沙漠以南的20个非洲国家都可以找到巨大的猴面包树。到目前为止，大约只有几千棵猴面包树尚存于世。它们影影绰绰地屹立在非洲干燥又荆棘灌木丛生的大草原上。但是，千百年来，没有人知道这个颇为古老的样本究竟有多少岁。这是因为像大多数古树一样，猴面包树的树干中心是空的。更糟糕的是，植物学家们发现，幸存的猴面包树窄窄的树皮层上的年轮也无法计算，因为实在太模糊，无法分辨。然后是有关猴面包树神秘的繁育情况，它们是由蝙蝠或者其他动物传播花粉受精吗？还有其他哪些树会像猴面包树那样，有突然消逝的本

左图：博茨瓦纳库布岛上的猴面包树

领？因为猴面包树会自己燃烧成灰烬。

关于猴面包树人们知之甚少，因此神话故事就自然流传下来。在很多非洲人心中，这种树上依附着祖先的灵魂。（在20世纪60年代，赞比亚的卡里巴大坝泄流前，人们要对即将淹没的猴面包树进行遣魂。遣魂方式是从圆胖的猴面包树上砍下树枝，把它们放置到危险区之外的猴面包树上去。）还有一个关于“头朝下的猴面包树”的创世神话。当神创造世界时，祂分派给每一个动物一棵属于自己的树。鬣狗得到的是猴面包树，但它很不喜欢，就把树抛向远处。猴面包树落地时大头朝下，树根朝上像张开的树杈。

1998年，我得到一个机会，可以亲自去看看我是否能认同鬣狗的意见。我和一个伙伴乘坐一架小飞机，另外两个伙伴乘坐一辆陆地越野车，启程去拜访博茨瓦纳最大最美的猴面包树。

我们要看的第一棵树是“格林之树”，它是以探险家格林的名字命名的，他曾在1858年经过这里。我们很容易找到了它，因为格林将“1858年格林探险队”这些字样刻在这棵树低矮处那粉色平滑的树皮上。我猜想，如果有人曾冒着生命危险在卡拉哈里沙漠的边缘探险过，大概就可以允许自己有些傲慢的行为，包括将自己的大名刻在那些路遇的树上。但是，格林树立了一个坏榜样，他的妻子和世人都效法他在大树上刻自己的名字。只有伟大的传教士探险家利文斯通一人除外，我喜欢利文斯通的做法。在我心目中他就是一位英雄，因为与他的欧洲伙伴相比，他对非洲人民很友好，尤其我很高兴地发现他对树怀有善意。

第二棵是“查普曼之树”，是以卡拉哈里沙漠的另一个探险家的名字命名的。这棵树上并没有留下任何名字。它高大无比，而且美得让人惊叹——是祖先灵魂完美的家。我请一位非洲年轻人站到大树的中心，就像在对它致敬。它弯曲成椭圆形的树干，不禁让我联想起罗丹那座名为“教堂”的雕塑——成弧形相向弯曲的两只手。

刻在树上的文字内容，包括“1858年格林探险队”，利文斯通没有刻名字

左页图：生长在博茨瓦纳格林的猴面包树

终于，我们这次旅行的华彩乐章就要到来了，就在向南100英里（约160.93公里）的库布岛。据说那里的猴面包树极为美妙，恐怕连鬣狗也会为了它们满心欢喜定居岛上。

乘船前往库布岛是一段诗意的航程。可以望见一棵棵猴面包树好像海豚从地平线上跃起。旱季会在卡拉哈里沙漠的边缘持续十个月，在这期间的绝大多数时间里，博茨瓦纳最大的盐湖上的生命就像海市蜃楼般稍纵即逝。

我们的陆地越野车碾过亮闪闪的盐田，跟随着新的车辙驶向那座岛。[离湖岸只有10英里（约16.1公里）了，如果此时车子陷在盐田里就实在太冤了。]在我们的头顶上方，是乘着飞机的两个同伴在空中为我们摄影。看起来飞机就像一个巨大的银色玩具，它的影子投射在地面上。不多久，天边出现猴面包树的轮廓，我们的飞机降落在了猴面包树前。

利文斯通博士曾为非洲南方的猴面包树而着迷。他将它们比作巨大的红萝卜、胡萝卜，以及欧防风。这说法在大陆上可以接受，但是在库布岛上，猴面包树看上去更像动物而非蔬菜，比如鲸、河马（在茨瓦纳语中，猴面包树*khubu*的意思其实就是“河马”），或者海怪。不管怎样比喻，它们都是奇迹般的生物。事实上，在它们赖以生存的库布岛上没有多少土壤。在粉色的花岗岩上，它们长得壮硕——壮得超出穷人的梦想。

我们在看起来很安全的树林下安营扎寨。我的朋友告诉我们，无须介意当地的鬣狗。“你记住，睡着时不要把腿伸出帐篷外，那它就做梦也不会想到要去碰你。”我一直小心没将我的腿伸到帐篷外，但我还是不能安睡。有两次，我被鬣狗的“笑声”吵醒，那声音可一点不令人愉悦。

日落时，猴面包树的光滑的树皮富有生机地闪着亮光，从粉色变成朱红色，就像夕阳下的花岗岩。第二天，头顶的太阳直照在岩石和树上，晒得人发懵，力道好似铁锤敲打在铁砧上。尽管已进入早秋，是果实成熟的季节，但是，并看不到树枝上挂着豆荚。明快的绿色的叶子形状像人的手（猴面包树的种名*digitata*在拉丁文中是手指的意思），开始枯萎并且掉落。20世纪90年代，由于地球变暖，导致了非洲南部时常出现长时期的严重干旱。就连库布岛的猴面包树，这些从岩石里长大的神奇的树，也到了能够忍耐的极限。

当飞机的阴影掠过闪光的盐湖湖面（回程是我坐上了这架“银玩具”），一个冷飕飕的想法袭上心头：在未来20年，当世界变得比现在更热，库布岛上的猴面包树会不会离它而去，只留下了鬣狗在岛上。

上图：博茨瓦纳的“查普曼之树”
右图：“查普曼之树”五股树干组成的“教堂”

女神树

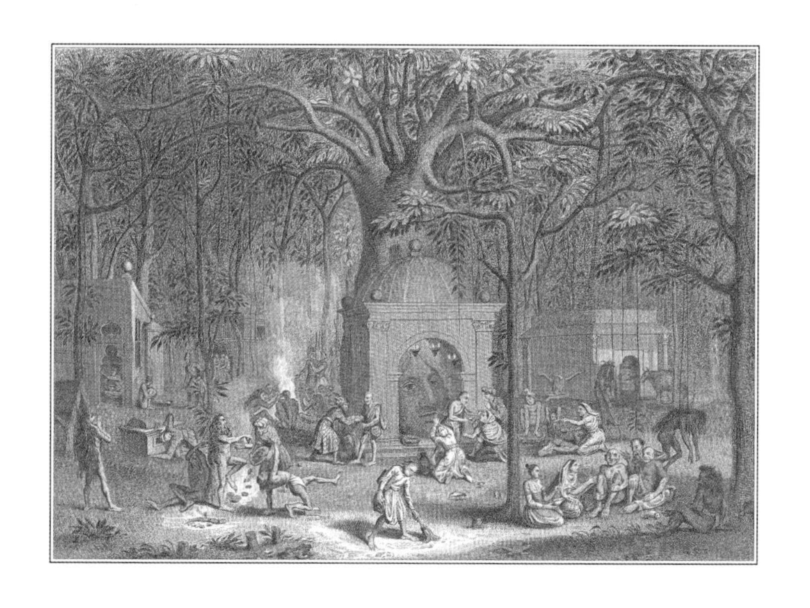

来魔法森林吧，
你可有胆量。
叶片下没有危险
美人，前来！
当夜色降临黑暗翻涌
森林瑟瑟，褪去原形；
袍下千眼圆睁
这可不敢了吧
来魔法森林吧
你可有胆量。

——乔治·梅瑞狄斯，《韦斯特曼森林》

左页图：墨西哥瓦哈卡城图莱小镇的墨西哥落羽杉（东南方向的细节）

拯救伟大的神母树

八年前，即1994年，在墨西哥南部高原靠近瓦哈卡城的图莱小镇，居民们忧心忡忡。因为图莱那棵远近闻名的落羽杉——埃尔·阿沃尔（这棵树的名字）好像快要死了。镇上的人们傍晚都要坐在这棵树下交流每日新闻。早在16世纪西班牙人占领墨西哥之前，它就是力量和骄傲的象征。专家说，这棵树不仅是墨西哥最大的树，它还是有史以来记载过的世界上最粗的一棵树。

人们从伦敦旁边的邱园请来一些树木专家帮这棵树诊断病因。专家们仰望着这棵高达140英尺（约42.67米）、树围达到惊人的190英尺（约57.91米）的墨西哥落羽杉里的极品，纷纷心疼地摇头。那些巨大的、长着尖尖叶子的拱形树枝像哥特式教堂的弯梁，侧枝如亮绿色的弧线垂向地面。此时是春天，但树的叶子已经开始泛黄，四周散落着枯枝。

最终，邱园专家们给出的结论是这棵树严重缺水。图莱，在萨巴特克语里的意思是“沼泽”。在西班牙人到来之前的几百年中，落羽杉在沼泽中的香蒲丛里自在生长，本地的两条河是它们取之不尽的水源。后来，沼泽枯竭，人们在这棵大树的对面修建了圣母玛利亚教堂（也许就建在萨巴特克寺庙的原址上），还修建了花园，一座繁忙的殖民小城兴旺起来。印第安人过来贩卖草帽、花哨的裙子，还有古老的小神像（大概是偷偷地售卖）。

专家们关于埃尔·阿沃尔的建议被认真采纳，镇上的人们开始让机动车绕行、设置游客围栏、时常给大树浇水，病树开始康复。当我在2001年冬天再来探望埃尔·阿沃尔时，看见枯死的树枝已经被细心地剪掉，树上的一些伤口被涂上白色颜料，已经开始愈合。这棵树虽然虚弱、残败，但是仍有活力。实际上，这棵树所属的杉科可能是所有植物家族里最强大的。它生长在加利福尼亚的表兄弟北美红杉和巨杉分别是世界上最大和最重的树。但是生长在图莱的这棵墨西哥落羽杉则来自一个更神秘的世界。在加利福尼亚，你可以搂抱住一棵巨杉，它有柔软的、粉色的，有弹性的树皮，向上伸向你头顶上方的云雾中。而来到图莱，你则是被埃尔·阿沃尔这棵大树拥抱。它用它那些巨大、光秃秃的棕色“手臂”把你拥在怀里。它的亮绿的叶子，很像粗鬈状的毛发，如同一位萨巴特克人的神母，当她被惊扰时，会把人类像挤土鳖虫一样挤扁。

它的过往经历如同它的未来一样，都能激起我们探索的热情，甚至有时会令它的崇拜者们疯狂。关于这棵大树，目前主要有以下两个疑问：

右页图：从东南方向看图莱的落羽杉

它在古代就是这副模样吗？它是一棵树还由三棵树组成的？

首先，最惹争议的是它的树龄：它到底是2000岁还是3000岁呢？人人都会这样问的。你也许会想到世界上树围最大的树也应该是最古老的树，虽然它的树皮看上去也许并不凋败。但这可不一定，因为只要湿热的夏天来临，这种树会长得极为迅速。关于这棵树的树龄，萨巴特克人有一个传说：阿兹特克人的风暴神是伊厄科特尔，他有个仆人叫培科查。在1400年前这个仆人为图莱人栽下了这棵树。有点意外的是，一些科学家竟然同意这个传说中的树龄。在20世纪20年代早期，一位名叫卡西亚诺·孔泽蒂的植物学家花了整整一年的时间研究这棵树。他是通过计算旁边倒下的其他树的年轮，然后得出结论这棵大落羽杉的树龄在1433岁至1600岁之间。嗨，谜底揭晓！但是，这棵图莱的落羽杉很显然比那些倒下的树，有着更大的“真实”直径，它的树龄应该超过2000岁才对。

第二个问题（很有可能会激怒图莱落羽杉的崇拜者），有人大胆质问过：这棵巨树是否由长在一起的三棵树冒充的呢？这场争议要追溯至很久以前，追溯到德国博物学家亚历山大·洪堡那里。他曾于1803年拜访了墨西哥，随后他写了《新西班牙的政论文集》：

> 在圣玛利亚图莱的小村庄……有一棵巨大的落羽杉，它的树干周长36米。这棵古树甚至比加那利群岛上的龙血树，还有非洲的任何一棵猴面包树都更为粗大。但是，如果仔细审视……那棵落羽杉会让旅行家们大为惊讶，它不是单独的一棵树，而是三棵树生长在一起。

今天，这棵树的树迷们可以否定洪堡先生不靠谱的言论了，或者至少可以部分否定他。最近DNA分析结果证明，埃尔·阿沃尔是棵独立的个体，不是由三棵种子萌发长在一起的树。但它是否有可能是从同一条树根上萌芽生长出来，基因相同的三棵树吗？尽管有些科学家不同意这种说法，但也不能排除这种可能性。若果真如此，就能解释埃尔·阿沃尔有那惊人的树围，不过它也就不再能拥有专家们给出的世界上最粗的树的名号了。

真有人会关心这些问题吗？去年12月，当我站在它的巨大的“臂膀”下，沉醉于它的美丽时，我不禁自问：管它是几棵树呢？毕竟，只有它这样的树神有权拥有三个自然体，说三位一体或三体一位都行。

落羽杉和圣母玛利亚教堂的全景

傻子都能爬上的桉树

在珀斯以南大约250英里（约402公里），澳大利亚西部最湿润、最葱绿的一隅，曾经生长过一片世界上最好的森林。那是成千上万亩高塔般耸立的桉树，被土著居民称作“凯里树”。现今，大部分森林已经变为农田，那些参天大树被用来制作船筏，或者建造珀斯城所需的屋梁和厚木板。幸运的是，一些最古老而巨大的桉树被国家公园保护起来。植物学家因为它们在同一棵树上会有不同颜色的叶子，而将其命名为异色桉（*Eucalyptus diversicolor*）。这种树有大理石般细腻的树干、婆娑的枝叶、巨大的体型（它们可以长到九十多米高），使得它在我眼里是六百多种桉树中最高贵的一种。

生长在澳大利亚南部，名为格洛赛斯特的异色桉，我正沿着207英尺（约63.09米）高的螺旋铁钉梯子往上攀爬

三年前，即1998年，我亲身前往观赏那四棵最高大、最美观，被称为“四大王牌”的桉树——倒是不如叫它们“四淑女”更好听。它们生长在一条靠近葡萄园的小溪边的空旷处，田园牧歌般的地方。当我找到它们时，正值夕阳西下，落日余晖将紫色的阴影投射在树干和高处的树枝上。拍照的时候，一个过路人告诉我，附近还有三棵巨大的异色桉。“你可以爬上去。”我以为他一定在开玩笑呢。后来我听一个朋友说，这三棵异色桉以前一直被作为岗哨，用来监视森林火点。而现在它们成为澳大利亚西部的一个观光景点。“你为什么不去爬一次？那是傻子都能爬得上去的桉树，它们是很容易爬的，老妇人们也能爬得上去。如果你上去了，他们还会发给你一张印制好的证书。”我怎能拒绝这一挑战呢？好，我去爬。那是在2001年的11月，我登上了树中的珠穆朗玛峰。

它是名叫格洛斯赛特的异色桉，最高的瞭望点是在207英尺（约63.09米）高的树干处（这个高度对于这种树不算啥）。供攀爬的螺旋式台阶是由钉入树干里的铁钉做成，台阶沿树干盘旋而上，消失在头顶上方高高的树冠天篷里。尽管缓慢，但我相信我是在神态庄重地攀爬。从瞭望点往外看，下面的景色完全被云层遮挡，无法看清，这令我无意在此逗留太久。远处的地面上，一群慕名而来的老太太下了观光车，正向这棵树走过来。最尴尬的是，从树上下来的时候，我感到我的靴子踩在一个柔软的东西上，竟然是一个人的手。是个老太太的手吧？我没敢往下看，幸好我们都无大碍。

当我下到地面时，护林人说，由于这棵树太容易攀爬，所以他们已经不再给游客颁发证书了。“但是肯定也有攀爬失败的人士吧？”我急切地问。“自从我在这之后，确实曾经死过三个人，”护林人说：“都是男士，一个在树的瞭望点上，一个从树上掉下来了，还有一个死在车上。都是因为心脏病发作，这种事情在任何地方都会发生。”

这么说，我能从树上活着下来还是个奇迹了！

澳大利亚西部，黄昏中的“四大王牌”树，应该称之为“四淑女”更恰当吧？

耸入雾中的红杉

查尔斯·萨金特先生是波士顿阿诺德树木公园的一位热情奔放的园长，他曾经说过，加利福尼亚的北美红杉是所有针叶树中最壮观的，北美红杉林是美国常绿森林中最令人难忘的。我觉得萨金特先生关于森林的说法是对的，但是对于红杉，我不敢苟同。

在殖民者到来之前，原始北美红杉（*Sequoia sempervirens*）森林大约有200万英亩，从北部蒙特雷一直延伸到俄勒冈州边界，遍布于500英里（约804.67公里）雾气蒙蒙的海岸线上。红杉的木材由于廉价、美丽、经久耐用而深受人们喜爱。三藩市就是用红杉木建造起来的。如今，只有大约3%的原始红杉树森林被划归给几个州立公园和一个国家公园永久保护起来。从伐木人手中拯救剩余森林的保护行动如同旷日持久的荷马时代的战争一般，从约翰·缪尔开始，然后由“拯救红杉林联盟”接手。甚至直到今天，英勇的卫士们［比如朱莉亚·伯特弗莱·希尔，她曾在200英尺（约60.1米）高的红杉树顶生活了两年］仍然在继续，行动已经持续了一个多世纪。

幸存的那些树一直充满魔力。只是除了拍摄大树巨人的“脚”外，怎么能拍摄到它的全貌呢？它们的“头”通常消失在云端里，或者消失在从太平洋吹来的浓浓的雾霭中。即便是晴朗的蓝天之下，它们高高在上的“头”也被浓密的森林天篷遮挡住，站在地面的人是无法看到树顶的。专家们使用绳索爬到树上去，并且用激光仪测量树高，他们用精确到十位数的数字，告诉我们哪棵才是世界上最高的树。

目前的冠军是一棵368.6英尺（约112.35米）高的红杉，有人用“云端巨人”形容它。直白地说，它就是“世界上已知最高的生物”。它的发现者是20世纪90年代的一个年轻科学家史蒂夫·赛勒，他是专门研究红杉森林天篷的空气稀薄度的。他和那些搜寻大树的伙伴们已经发现了26棵超过360英尺（约109.73米）高的红杉，其中有18棵生长在洪堡州立公园。角逐树王的竞争很火热，几乎每天都有赢家出现。很多红杉树生长速度比豆茎还要快，已知有86棵红杉超过350英尺（约106.68米）标线。树中的冠军肯定非北美红杉莫属。一直紧随其后的亚军是王桉和花旗松，但是它们被红杉远远甩在身后。再后面的是另一种加利福尼亚的红杉，虽然略矮些，但是更粗壮，也是巨型杉树，生长在塞拉山区以东200英里（约321.87公里）。

右页图：加利福尼亚杰迪戴亚·史密斯州立公园中的北美红杉

加利福尼亚杰迪戴亚·史密斯州立公园一棵红杉树的局部

11月的一个阴天，我开车穿越洪堡公园时激动得热血沸腾，因为在远处，就是那棵比30层摩天巨厦还要高，“肩颈”消失在云雾中的老“云端巨人”—— 368.6英尺（约112.35米）高的树王。不管萨特金先生的断言，单独看林间的任何一棵大树，和塞拉山中的巨杉一样，并无太多惊奇。但是，作为巨大而齐整的常青森林，它们散发出一股强大的魔力：棵棵树干像施了催眠术的仪仗队队员的腿，伫立在长满了酢浆草和剑蕨类的沼泽地上。

森林里的树都是女神一样的妩媚吗？至少在洪堡州立公园里不是。继续北上，沿着海岸朝着俄勒冈边界走，森林更有魔力，越加繁茂、生机勃勃（那里的雨水更多），与连绵起伏的山丘和低低的深谷组成一幅更有诗意的风景。

这里的几张照片只能给读者一点感觉。第一张是新月城的一座伐木小镇外森林一瞥，方圆几百公顷作为杰迪代亚·史密斯州立公园被奇迹般地保护下来。即使这里夏天的干旱和火灾联手侵扰着森林，但是，北美红杉并不像它的塞拉山中的表兄弟，也不像大多针叶树，它是可以从树桩里萌芽再生的，森林里到处是从烧黑的残桩里再长出的小树。

第二张照片拍摄的是草原溪州立公园，一片更加野蛮生长的北美红杉林中的一棵螺旋的杉树，我不知道是否还有其他像它这样如麦芽糖般地扭曲的树。但是，我发现照片里的布局充满诗意：古树扭曲的树干上，红杉新叶如盘绕着的花环，有两棵年轻的树——铁杉和裹着苔藓的黄色大叶枫树，像是在对螺旋的杉树谦卑地躬身行礼。

右页图：螺旋杉，加利福尼亚草原溪红杉州立公园的一棵北美红杉

众议院的琼浆玉液

你也许会说，真不可思议，在这本献给树神的书里，竟然包括了一篇写给一群趋炎附势的政客们的文章。但是，出错的肯定不是我。这些巨杉优雅而且妩媚，它们是肉桂色的“女巨人”，有着40英尺至50英尺（约12.19~15.24米）腰肢，臂膀上披挂着明艳的绿衫，200英尺（约60.96米）高的个头向上耸立着。一个世纪前，那些自负的男性政治家们，给它们起了个很不相称的名字：“众议院”。

让我们看看这件事情的来由。自然资源保护者们在长达30年里一直不屈不挠地与华盛顿权力部门抗争，苏格兰移民约翰·缪尔的行动也激励着他们不断地从砍伐公司的斧锯之下拯救出大部分生长着巨杉（*Sequoiadendron giganteum*)的树林。其中就包括在1890年为这个国家拯救下的红杉林国家公园，那些巨杉就生长在这个公园里。酷爱狩猎的总统西奥多·罗斯福对此乐意倾心相助。然后，政治家们为了表彰自己用纳税人的钱所做的这一善举，将红杉林里许多最壮美的树赐予了带有政治意味的名字：“林肯树”（两棵分开生长的树）、“总统树”、“参议院树”和“众议院树”等等。

我的运气很好，3月的一个清晨，我踏着深雪穿越这片森林。这些巨树生长在太平洋边加利福尼亚落基山脉这侧，在6000英尺（约1828.8米）高的内华达山脉的塞拉山区快乐地呼吸着清新的空气。在这里，春天的阴雨与艳阳如万花筒般交替出现；冬日树下满是积雪，美得如人间天堂。

当然，季节交替也带来火灾的频发。尽管叶脉里有防火的鞣酸成分，在很多树干上都不可避免地出现火灾的痕迹，树皮里有像石棉纤维的物质，火还是可以烧到树的心材。如果在陡坡处生长着一棵古老的大树，旁边小树上部就会堆积枯枝。即使大火将小树烧成木桩，公园的林务人员也不会施救，因为他们已经很有经验。由闪电引起的一场小范围的森林野火，或者一场火势可控的小火，可以烧掉巨树周围的灌木丛，这远比未来因此引起一场大火浩劫要好得多。火焰也是巨杉繁育后代必不可少的条件（尽管千年才需要繁育一代后继者）。火焰可以烧掉竞争生长的小松树和小杉树，这些树的树皮很薄，叶脉里含有易燃树脂，而不是鞣酸。巨杉上的球果受热后，里面的种子才会掉落下来，小树燃烧后的灰烬正好可以成为巨杉种子的温床。

小火情通常总是发生在夏季，那时公园里到处有林务人员和游人。3月里，公园空寂无人，阳光穿过雾霭，站在皑皑白雪覆盖的这些“女巨人”脚下，我感觉仿佛自己就是一位神——一位刚饮过很多杯玉液琼浆的神。

右页图：加利福尼亚巨杉国家公园里，名叫“众议院”的巨杉

单身汉和三位淑女

在加利福尼亚优胜美地国家公园的南门，有片世上最美丽的巨杉树林，被称作梅丽波莎（Mariposa），Mariposa在西班牙文中是“蝴蝶”的意思。你大概会觉得这个名字起得很古怪，因为树林里都是重达500吨的巨树。原来，早在19世纪，内华达山脉的一处斜坡上，西班牙和墨西哥的探险者给他们在一片秀美的松树林旁的定居点起了这个名字。那时候，巨杉树林藏匿在远处高山上，只有印第安人才知道属于它们的领地。直到1852年，即美国人从墨西哥人手中夺过加利福尼亚十年后，第一片森林才被欧洲人发现（在卡拉维拉斯，梅丽波莎林北面六十多公里）。不管怎样，这个名字起的并不恰当。但是林中很多树却美得非比寻常，特别是名为“单身汉”和“三位淑女”的四棵生长在一起的巨杉。

我这张照片摄于11月中旬，冬季第一场暴风雪过后。树脚下是撒满了松果空壳和碎树皮的烂泥地。在这6000英尺（约1828.8米）的高山上，太阳光冷冰冰的，森林寂静无声，好似被人遗忘之地。不过在夏日里，优胜美地开始沸腾，游人如织，世界各地的人们络绎不绝地来此旅行度假，欣赏奇观美景——峡谷深渊、飞流直下的瀑布，梅丽波莎林地也会迎来心怀敬畏的游客。这种称赞并不新鲜。美国总统林肯是第一批欣赏到优胜美地的白人之一，他在1864年美国内战期间曾在此驻留，随之宣布梅丽波莎林和优胜美地峡谷为“州保护区”。从1880年开始，梅丽波莎林的瓦沃纳隧道树就被誉为“世界上最著名的树”，这棵树的树身被掏了一个大空洞，公共马车从树洞中穿梭而过。如今这种对待巨树的方式已经过时了，但是在19世纪的80年代，它被用来作为从伐木者手中拯救海岸红杉和巨杉运动很好的公众宣传材料。1890年，优胜美地被宣布为国家公园，梅丽波莎林在几年后也划入该公园。

幸运的是，“单身汉”和“三位淑女”也还有些专属它们自己的保护措施（一个简单的围栏保护着它们，尤其挡住那些太过热情的游人）。它们的美丽优雅，部分原因是作为一棵巨杉，它们既不太大也不太老。其实，“单身汉”和“三位淑女”还在绽放芳华：赤褐泛灰色的树皮，撩拨人的曲线，明艳翠绿如鬃毛般的针叶。无人知道它们的年龄，但是我想它们应该只有七百岁左右，因为在这片景色宜人的山坡上，它们在一起还“打情骂俏”呢。

左页图：加利福尼亚优胜美地国家公园里“单身汉”和“三位淑女”

灰熊

一支加利福尼亚的歌……

森林女神合唱，浩荡离歌，飘然远去，

低吟凄绝宿命，声浪轻抚天空和大地，

红杉林里，濒亡巨树高歌，声音雄浑，

别了，我的兄弟，别了啊，大地和天空，

别了，曾紧贴生命的河水，

我的大限降临，我最后的日子来了。

——沃尔特·惠特曼，《红杉之歌》

左页图：生长在华盛顿州奎诺尔特湖的北美乔柏。也许它就是诗人托尔金笔下的"树人"？

被奉为图腾的北美乔柏

托尔金的《指环王》中有一个精彩场面：因为萨鲁曼一直在不停地砍树，“树人”们忍无可忍。一群身形巨大、半人半树的怪物“树人”面对邪恶的巫师萨鲁曼，用很多很多树根摧毁了萨鲁曼的城堡。世上没有“树人”，除了在某种特殊的意义上。我们有像“树人”般的北美乔柏（*Thuja plicata*）！没有多少树像它那样，将张牙舞爪的怪形与惊人的巨大身形结合一体。难怪太平洋岸边的印第安人，会选择将最大的北美乔柏雕刻成图腾柱。

在印第安人心目中，这芬芳气味、木质红色的大树似乎是生生不息的。它在战争时期与和平时代都能够提供各种器物——帐篷、战船（用树根建造）、篮子、碗和钓鱼竿。而且这种树本身是搭建欧式房屋最好的材料，这也是印第安人的不幸。外来者沿着风调雨顺的太平洋海岸，砍伐了长达1000英里（约1609.34公里）的原生树林，现存的北美乔柏多数都是新生树。（要想闻到古林才有的艾菊般的袭人香气，你一定要北上到加拿大边界，即使在那里，它们也正在快速地消失。）然而，还是有为数不多的巨大的北美乔柏不知怎么侥幸活下来。它们中的绝大多数被靠近海岸的国家公园保护起来，特别是在华盛顿州的奥林匹克山的西边。我为这本书挑选了两棵迥异的北美乔柏。

体积为17 650立方英尺（约499.79立方米）的奎诺尔特湖北美乔柏，最近被公认为当今北美乔柏里的冠军树。我跟随华盛顿州最出色的大树搜寻者鲍勃·范佩尔特，从深谷的一边爬上了软绵绵的长着加州铁杉的坡地，里面生

生长在华盛顿州卡勒洛克的北美乔柏，是世界上树围最大的北美乔柏

长着一棵不为人知的大树。在历经了很久的抗争后，这块不大的森林才终于被从伐木者手里拯救出来。

当你来到坡地，就会见到那棵像巨大灰熊一样的北美乔柏，或者说它更像作家托尔金笔下要拼命拔起萨鲁曼的城堡的“树人”。我独自走在洒满月光的小路上与它相遇的场景可不令人愉快：它大部分树皮都没了，整个巨树就像发着冷光的骷髅，两个黑洞洞的大树洞像两个墓穴，隐藏在它巨大腐臭的树干上。

而距离海岸30英里（约48.28公里）的卡勒洛克北美乔柏，却很受人喜爱。通过体积判断，它应该是世界上第五大北美乔柏，但是从树围算，它以6英寸（约15.24厘米）胜出，成为世上最粗的一棵北美乔柏。如哥特建筑里那样迷人的光线穿过毛茸茸的像窗户般的树洞，照射到拱状的洞内。很多年前，一棵铁杉种子不小心落到树干上20英尺（约6.1米）高处，在那里生根发芽；随后又有一棵铁杉种子，也如此这般紧随其后长了起来。现在，两棵成年的铁杉在这棵北美乔柏身上亭亭玉立，嶙峋的树根向下如哥特建筑里的飞拱一般扎根到土里。

右页图：卡勒洛克北美乔柏的细节图，我发现它有一个可爱的树洞

像山精一样的树

在澳大利亚生长的所有参天大树都是各种桉树：新南威尔士和塔斯马尼亚的王桉（*Eucalyptus regnans*）、澳大利亚西部的加利桉（*E. diversicolor*）、有棕色树冠顶的斜叶桉（*E. obliqua*）和塔斯马尼亚的多枝桉（*E. viminalis*）。所有这些桉树中都曾经出现过超出300英尺（约91.44米）高的树王，很多专家认为有一两棵王桉高度甚至超过了350英尺（约106.68米）。如今在澳大利亚，已经没有能够达到300英尺（约91.44米）高的树，这都是砍伐的结果。还算幸运的是，所有这四种桉树广泛分布在雨水丰沛的地区，也有很多很高大的桉树被保留下来。

但是，有一种桉树就比较不幸了，它在靠近澳大利亚西部的沃尔波尔城生长着加利桉的几道山谷里。杰克逊尼桉（*Eucalyptus jacksonii*）是目前最为罕见，因此也最易遭到灭顶之灾的树木。它的木材可用于制作最上等的家具。我听说目前还有少数巨大的杰克逊尼桉保留下来，但是绝大多数更大的杰克逊尼桉已经被火灾吞噬了。

2001年11月的某一天，我怀着悲观的心情开车去沃尔波尔城。政府对一些幸存的巨树实施了保护措施，但这实在来得太晚。在森林里100英尺高坡处，有个叫作“巨人谷”的地方，你可以健步走在花费百万美元修建的人行步道上。但是周围的巨树都是加利桉。我的镜头捕捉不到一棵杰克逊尼桉，周围没有一棵能让我心动的树。

我开车向西几英里，发现一条通向标记“大桉树”的农场小路。这条路看上去像很有希望的样子，但是结果却出乎意料。那里有很多古老的杰克逊尼桉，像一群山精：它们冷漠、丑陋，但是精彩的生灵，比优雅的加利桉要年长几百岁。我下了车，大步奔向这片可以令诗人托尔金感到激动的森林。迎面见到的是一棵最大的“山精”。它的树围最粗处可达65英尺（约19.81米），比我见过的任何桉树的树围都要粗大。大火将树干从上到下劈开，树冠上枝叶浓密，整个树干像一个通天的大洞。这是自我来到澳大利亚后，第一次被一件巨大而有魔力的东西震撼。好似歌德站在莱茵河边壮观的瀑布下，我感觉我也是被包围在同样壮观的氛围里。

右页图：澳大利亚西部沃尔波尔城附近巨大的杰克逊尼桉，已经没有多少杰克逊尼桉可供伐木人砍伐了

塞拉山区的谢尔曼和格兰特

人们有时会产生疑问，为什么世上最高的树会以美国内战时期联邦军最冷酷的将军威廉·T. 谢尔曼的名字命名。我认为待他们来到加利福尼亚巨杉国家公园，观看这棵和将军同名的树就会得到答案。

在11月阴雨蒙蒙的一天，我站在那里，端详这棵高达274英尺（约88.52米）的"凯旋将军"。正当我细看时，一团如棉花般的云朵降下来，将它上部巨大的枝干遮挡起来。"它的每一根树枝，"一位当地向导波澜不惊地说，"都比密西西比东部的任何一棵树要大。"

几百棵巨大而古老的杉树分布在塞拉山区的66片树林里，而这棵看起来是最酷的。谢尔曼树的邻居们都是笔直生长，呈锥形伸向天空的大树。谢尔曼将军树足足有1500吨，好似第二次世界大战中的重型坦克（当然，重型坦克也可以是这棵将军树的另一个化身）向你逼近。从下往上观察，树干在130英尺至150英尺（约39.62～45.72米）的高度间，都保持着60英尺（约18.29米）的树围，似乎没有任何的变窄。[事实上还是变窄了，不过大约只有12英尺（约3.66米）。] 冷酷是这棵树的特点。它的灰白树枝无数次被暴风雨摧打得残缺不全，看起来有点像棵绿菜花的梗子，被吹打的烂糟糟的、呈锯齿般穗状的树冠有50英尺（约15.24米）高。就算不能以巨大体型荣获世界冠军树，它也会因丑陋而获奖。

人们常将它与北面的那位壮硕有型的邻居及竞争者，国王峡谷国家公园的巨人格兰特将军树相比较。正如人们所期望的那样，格兰特是一棵颜色发灰的千年老树。但它那巨大的体型却没有被过分地扭曲。它的平滑的、圆锥形的树冠和桂皮色的上半部树干似乎躲过了暴风雨的洗礼。它的叶子像亮绿色的小瀑布一样垂下来生长。难怪在1965年，林登·B. 约翰逊总统受邀提名一棵国家圣诞树时，他选择了格兰特将军树，而不是谢尔曼将军树。

左页图：加利福尼亚巨杉国家公园中的谢尔曼将军树

这两棵树之间的竞争可以追溯到一个半世纪以前，甚至影响到加利福尼亚的两个县之间的关系。格兰特将军树是在1862年被发现的，它后来成为在弗雷斯诺县的国王峡谷国家公园里最大的树。谢尔曼将军树是1879年被发现的，它在图莱里县的北美红杉国家公园里力压群雄。它们之中到底哪一棵更大？为了避免再次出现内部争端，在1921年，当局决定雇佣一支调查队伍，给予此案一个公断。经过仔细测量（数值是由一些大树搜寻人用激光测量仪测出的）的结果非常令人震惊。

两棵树都不是北美红杉中最高的，也不是树围最大的树。这些荣誉称号应该授予塞拉山区其他名气稍逊一筹的巨大的北美红杉。但是根据美国森林协会通常判定树王的复杂评分系统，谢尔曼树的274英尺（约83.52米）高度，对比格兰特树的266英尺（约81.08米）高度；格兰特树91英尺（约27.74米）的树围，对比谢尔曼树的85英尺（约25.91米）树围，结果应该是格兰特胜出（尽管它并不是所有树中最高大的）[1]。但是，谢尔曼树的体积为55 040立方英尺（约1558.56立方米），大于格兰特树47 930英尺（约1357.23立方米）的体积。这就意味着，如果冠军是以体积而论，那么谢尔曼树是冠军树，而且还是世界上最大的生物。

我想，格兰特只得与冠军树失之交臂。

右页图：亚军格兰特将军树，它的冠军称号被剥夺了

1 美国森林协会在这场冠军树争议中颇感尴尬，他们决定对于这场较量暂停使用通常的评分体系，将冠军授予谢尔曼。

天子脚下

当我告诉在东京的一位日本朋友，我曾经去了日本，坐在一棵异常出众的大树脚下。他笑着说，“那你去的一定是屋久岛，坐在那棵Daio Sugi脚下。”

Daio Sugi是帝王杉树的意思，因为在日本，还有另外一棵古杉树与它同名，因此通常人们也叫它绳文杉（Jomon Sugi）。拥有盛名的它，是被日本人顶礼膜拜的大树之一。它是日本最古老、最巨大［50英尺（约15.24米）树围，即使再往上40英尺（约12.19米）高也不见树围减小］、最酷的日本柳杉（*Cryptomeria japonica*）。

几百年来，这种树生长在嶙峋的山峦上，遍布日本的半壁江山。为修建神龛和江户（东京）以及京都的宫殿源源不断地提供着芬芳的木材。日本本土内绝大多数古树在很久前就被砍伐光了（只有一些珍贵的古树样本树还生长在神道教圣地——一条通往日光市的著名林荫大道上）。久远年代里生机勃勃的森林，如今只能在画和木雕中方可窥见它们曾经的茂盛。但是，在东京西部向南700英里（约1126.54公里）的偏远的屋久岛，层峦叠嶂的亚热带岛屿上，绳文杉躲过了樵夫的斧头。30年前，屋久岛被誉为世界文化遗址岛，而绳文杉（还有一些其他巨大的杉树，以及很多鹿和猴子等宝藏）得以为子孙后代保留下来。

那是11月末的一个下午，当我乘坐小涡轮螺旋桨飞机降落在岛上时，海岛正被充满水汽的雨云笼罩着。两天后，我顶着烈日，冒着蒸人的暑气动身奔向绳文杉。我们沿着一条很多年以前由伐木人修建的很窄的铁路行走。向上攀爬并无惊险，但是当跨越峡谷时我有些心神不安，那正是老铁路线的中心地段。走在连扶手也没有的湿滑的枕木上，我尽量不去看脚下枕木之间的缝隙，因为下面几十米就是冒着白泡沫的河流。

足足走了三个半小时，终于见到了令我们震撼的绳文杉，它穿过迷雾俯视着我们。它的确可以傲视我们：因为这是一棵很酷的、伫立在松软土地上的如巨人一般的大树。它的树干更像一块巨大的岩石，而不像木头。粗大、强壮的如臂膀般的树枝伸展出去，遮盖了纠缠生长在一起的许多小杉树和樟树。

这棵体积10 000立方英尺（约283.17立方米）的绳文杉是树里面当之无愧的帝王巨人。它不仅是日本最大的针叶树，我想如果在欧洲也应该是最大的。日本科学家们通过给它的枝干年轮计数，估算出它的树龄应该超过了2000岁。我们还有需要更精确的答案吗？我坐在它的脚下，在迷雾里遐想，有谁胆敢在它的树干上钻孔数数它的年轮？抛弃这种想法吧！凡人怎能过问天子的年龄！

左页图：绳文杉，屋久岛的帝王，日本最大、最老也是最冷峻的杉树

生长在加利福尼亚优胜美地国家公园的花岗岩上的西美圆柏

第二章 侏儒

对矮树的敬畏

莫卡斯的灰色老树令我惶恐，

灰暗颜色、树瘤斑斑，

卑微、弓膝、身体扭曲，

驼背、畸形的橡树，

它们矗立等待着，

观世界变迁，

一百年过去，又是一百年。

——1876年弗朗西斯·基尔弗特的日记

（关于莫卡斯橡树）

左页图：土耳其南部，托罗斯山上的一棵希腊圆柏，忍受着6000英尺（约1828.8米）高处的大风

爱出风头的希腊圆柏哥哥

黎巴嫩雪松的土耳其变种，与希腊圆柏生长在同一山脉上

友爱长存兄弟间

园丁们并不讨厌矮树，事实上，他们还挺看重矮树的。“娜娜”是一个常用于低矮树品种的名字，在这个统称下的矮树种类很多，它们独具魅力，充满异国风情。它们的根可以自如地生长在最小的私人花园里。即便在这样的花园里，如果主人需要，它们也还能给园子里水泥制作的土地精灵留一席之地。

在野外，矮树能更加巧妙自如地生存。你肯定能感受到它们所具有的能量，就像可爱的童话故事里的小矮人（是作家托尔金的金雳矮人，而非迪士尼的七个矮墩墩的老顽童）。它们的很多优点不容忽视，尤其是在逆境中的坚韧耐力。

矮树对生存自主掌控的能力，令我想起2001年的秋天。那次，我在土耳其西南部，6000英尺（约1828.8米）高的托罗斯山上，遇见一片生长在白色石灰岩碎石中的希腊圆柏（*Juniperus excelsa*）。它们有的是单调沉闷的绿色灌木，就像在北半球常见的爬满了山坡的欧洲刺柏（*Juniperus communis*，不要对刺柏说三道四，如果没有它们提供口感刺激的蓝色果实，杜松子酒要靠什么添香增色呢?）。还有的树干扭曲、带有树瘤，树围接近20英尺（约6.1米），不论以任何标准衡量都可以称得上是大树。我估计这其中很多树的树龄应该有1000岁了，这是根据生长在北美的老刺柏的年轮推算出来的。但是，吸引我的不是高大的或者灌木希腊圆柏，而是那些低矮的，尤其是那两棵生长在裸露的山侧面的强壮的矮希腊圆柏。

由于每年冬季的暴风雪，或仲夏烤箱般的热浪等各种原因，这两棵树已经变得发白了，当然它们的生长迟缓也是因为同样的原因。但在某种程度上，它俩却形成了奇特的对照。矮的那棵希腊圆柏好似东方的象牙雕塑，暴风雨撕扯掉它的树皮，将其木质层暴露在外，只剩下一小部分有功能的树皮把树根和树枝维系起来。但是，这棵树仍旧挺拔并桀骜不驯。稍大的那棵看起来完全是个奇怪的家伙，风暴刮断了它的部分树干，但它看起来可不是只苟延残喘地活着，它简直像是在抬起脚后跟，跳着狂放的土耳其舞。

最古怪的是，这两棵树都生长在遍地碎石的同一侧山坡上，彼此间只有几米远。它们也许是哥儿俩，是由同样的两棵亲本树交配而来的。当然，它俩在遗传上还是有所不同。我想这就可以说明为啥它俩表现各异了。

它们看上去很像相亲相爱的手足，我只是对那位隐忍的弟弟充满同情，它完全迁就着那位可笑的爱出风头的哥哥。

把我埋在花岗岩坟墓里

去金牛山的前一年，我在结冰的路上开车去泰奥加山口，它在加利福尼亚优胜美地国家公园东部角落的9000英尺（约2743.2米）高山上。我怀疑我能否穿越过去，因为这条路的山口通常在11月初会因下雪而封路，那天是11月3日。我还是很幸运的，没有绕道内华达州的塞拉山区，不仅节省路程少走了400英里（约643.74公里），还看到了一棵矮矮的西美圆柏（*Juniperus occidentalis*），它生长在靠近山口的最高处。这种树以其对干燥贫瘠、荒无人烟的高地的适应性而为人所知。但是，这棵矮圆柏选择在这里安家似乎是种不顾极端恶劣环境的任性行为。与这株怪异的圆柏相比，在这座山更高处的干燥坡地上生长最多的是落基山冷杉和雪松，它们一直在榨取着土壤里的养分。而这棵圆柏是从两块花岗岩中挤出来向上生长的，那劲头就像一个人在“最后审判”时刻来临时，要从坟墓里挣扎出来一般。干燥的风和花岗岩使它发育不良。它为什么要选择如冰冷的坟场一样的地方安家呢？

当我看到在这片林子里生长的其他圆柏时，更加深了这种疑惑。有一棵圆柏蜷缩地生长在完全没遮挡的花岗岩人行道上的一块巨大的圆石旁。它那些如利爪般的枝条挤钻在巨石的缝隙里。峡谷里花岗岩堆积的层层斜坡上也有些貌似生长得很痛苦不安的圆柏。我可以肯定，它们中有些看起来年龄超过1000岁了，因为它们的树干腐朽得很厉害。所有这些迹象都表明它们承受了极端的生存压力和摧残。

我怀疑这些生长不良的矮圆柏是曾经一度遍布在这片干旱坡地上的茂盛圆柏林中遗留下来的幸存者。其他树是不是都进了锯木厂？（圆柏可以制作高档家具，因为它的木质像紫杉般坚硬，有细致的纹理，并且有香味儿。）我询问一些对优胜美地东部很熟悉的朋友，他们告诉我，事情没有我想的那么神秘，这次终于可以不再怪罪伐木人了。主要原因是此处恰好为塞拉山区的森林边界线——是森林区域结束、阴冷的山脉起始的边界。在这段边界线上，所有树都在挣扎着生长，尽可能攫取生存机会。树形矮小、树枝较细、树皮易燃和喜爱光照，圆柏的这些特性都限制了它们在这片区域的生长。圆柏如果想要在山下面的峡谷里，在那些盛气凌人的松树和杉树间存活下来，就必须弯腰屈身，把自己弄得像个驼背的小丑似的。但是到了山口这边的高处，在冰冷的花岗岩坟墓里，小丑也挺起了腰板翻身成为皇帝。

右页图：生长在加利福尼亚优胜美地国家公园8000英尺（约2438.4米）高的花岗岩中的西美圆柏

小叶丝兰公园里的“金杯”

我常常对美国最南部的高大常绿栎树满怀敬意，在那里它们被称为“live oaks”。树上缠满寄生藤，果蝠在树间神出鬼没，它们更像是那块湿热地方的奴隶主和他们内战前衰败的老房子的象征，特别是那比较古老的栎树。所以，当我在加利福尼亚小叶丝兰国家公园，就在死亡谷那边的山坡上，发现了一棵完美的生长在滚烫的沙漠里的栎树样本时，可以想见我有多惊讶。是的，它的确是一棵不同种的栎树——黄鳞栎，也叫金杯栎树，与普通弗吉尼亚栎（*Quercus virginina*）不同，它们的拉丁名是*Quercus chrysolepis*。夏天火炉般炽热的温度明显地阻碍了它的生长。但是，它能在沙漠里一堆如巨大鹅卵石般的黄色岩石旁顽强地活下来，的确是一个奇迹。我随身携带的旅行指南中说，如果足够幸运，在这里至少可以看到北美角响尾蛇、斑点响尾蛇和莫哈韦沙漠响尾蛇这三种蛇中的一种。它们已经在这里安营扎寨，我肯定它们正躲在枯萎的灌木丛中观察着我。树周围是蜷曲生长的脆菊木、团香木和饱受干旱折磨的黄鳞栎的同类。这棵30英尺（约9.14米）高的黄鳞栎平静地伸向天空，它是棵成年的（你可以从它圆圆的树冠判断出来）并且比例匀称的大树。

它蕴藏了什么样的秘密呢？我很想在3月份到这里来，那时会有雨，火焰草和沙蒲公英的花朵让沙漠富有生机。我断定每年的那段时间，黄鳞栎的身体里蕴藏了春天的信息。我还想看看它在夏天的模样，那时正值橡子成熟，正是因为毛毛茸的金杯样的果实，黄鳞栎才有了如亚瑟王般响亮的名字。

左图：加利福尼亚小叶丝兰国家公园中，一棵在峡谷中快乐地生活着的栎树

蒙特雷海岸的守望者

我在上一本《英伦寻树记》中，描述了蒙特雷的大果柏木（*Cupressus macrocarpa*），它们是多少有点奇异地“渴望背井离乡的树”。我突然想起自己曾经的谬论：即这种树在任何地方，都比在自己的故土加利福尼亚蒙特雷生长得更好。现在，我认为当时我这么写是不公正的，坦白地说，那时我只是从书上读过蒙特雷。后来我有了一个机会亲自去了那里，坐在非常舒适的海滩上伸展开我的两条腿。我这才意识到，野生大果柏木在自己的家乡也是活得很开心的。

的确，蒙特雷的树都被从新西兰吹过来的狂风阻碍了生长，风是6000英里（约9656.06公里）之外由太平洋呼啸的巨浪形成的。只有两个本土树种在与狂风不断的搏斗中幸存下来。但即使最高的树也难以超过50英尺（约15.29米），而且绝大多数被大风修理成了奇形怪状的灌木。但是，如果大果柏木的种子在蒙特雷以外的任何地方萌发，它都会长到120英尺（约36.58米）高，而且树围还相当粗。在康沃尔和爱尔兰，大果柏木一点不受影响。在我自家花园里，即使定期袭来的霜降会将我开得最好的木兰的花朵蹂躏成泥，大果柏木仍旧长得高高大大，远远超过本地松树。

为什么这些野外生长的大果柏木从未离开蒙特雷？事实上，它们离开过一次，并且占据了世界上温带地区的大片土地。这可以从记载了它远古谱系的叶子化石上知晓。大约在一百万年前，四纪冰川的第一纪开始，太平洋边的巨人——红杉、红树林、巨杉、花旗松和大果柏木——开始向加利福尼亚南部和墨西哥，进行它们四次临时性大迁徙中的第一次。大约12 000年前，当冰川纪结束，这些巨树种又回到家乡，在冰冷的内华达州的塞拉山区和雨水丰沛的北方海岸扎根生长。然而大果柏木却未返回家乡。没有人能说出原因。古植物学家的说法像加利福尼亚海岸的迷雾一样混淆不清。但至少，大果柏木保持在原地没动，挺立在蒙特雷的海岸边享受阳光。

右页图：加利福尼亚，蒙特雷岩石上的一棵大果柏木

第62～63页图：加利福尼亚蒙特雷海边的大果柏木，我以前说它们“渴望离家出走”，是否有失公允？

被缚的月桂

玲珑月桂，根不在山峦，

叶片蔓生连连，伸出了你的世界，侵入我心。

魔力附身，生生不息，牵引我思绪。

绿芽青青，不老岁月。

——凯瑟琳·雷恩，《种在木盆中的树》

左页图：盆景树——被缚的西美圆柏，长在加利福尼亚亨廷顿花园，长寿的秘密是否有一点点残忍？

亲爱的，缚住我的脚，我将会长生不老

自从1867年幕府将军时代开始没落后，日本向外国人打开了国门，由此带来了一个意想不到的结果，那就是人们对盆景的狂热。这种将树栽种到小陶盆里，通过限制根系生长以得到矮小树木的栽培方法最早源自中国，在14世纪传到了日本。刚一落地日本，它就招来了很多攻击者。著名讽刺作家吉田健翔（1283–1351年）写道："欣赏被刻意扭曲的盆栽树并以此为乐，是某些爱树之人的畸恋。"

然而，这并没有阻止从19世纪末到20世纪初那股横扫日本的盆景热浪。毋庸置疑，这是日本人狂热追求万事西方化的副作用，回归日本最具代表性之一的盆景艺术，通过对它的打磨可以产生最伟大的艺术家。不管怎样，新涌现的对盆景的狂热，驱使人们满山遍野地寻找自然界里的矮树：在石锤山寻找萨金特刺柏，在富士山上寻找小叶樱等等，不一而足。这些都是在野外生长，被岩石扭曲、被大风和坚冰摧残，自然矮化的树木。不久，又出现了冒充它们的人工矮树。通过短短几年时间在小陶盆里束缚根的生长，人为的使得小树更加矮小，树的姿态更加狂野。

我在加利福尼亚洛杉矶附近的亨廷顿花园内的东方园区里，挑选了两棵优美的盆景树。事实上，其中一棵是美国本土树种，被人工矮化成日本风格的西美圆柏。另一棵是日本的光叶榉（*Zelkova serrata*）。照片是我11月份拍的，榉树的叶子开始泛黄。从旁边一棵日本枫树上掉落到圆柏盆里的叶子，正好给圆柏做一个比例尺。

盆景园丁通常对自己的耐心和技艺感到骄傲。盆景树被禁锢在小陶盆或者小托盘中生长，求得它们树体形态的小而美，这好似中国旧时代女性的三寸金莲。虽然这种类比非常不妥，但与旧时中国女性由于裹足而导致终生跛脚不同，把树培养成盆景树，可以延缓树的衰老，保持树的芳华。每隔两年，盆景树的老根会被剪掉，老树干则被仔细修整。这样强大的外力迫使盆景树不断生出新的根和树枝。盆景制作人相信，如果严格地恪守盆景的修剪方法，一棵盆景树可以永远存活下去，至少可以活几千年。

这让我想起一则轶闻，一位敬慕者走向鹤发童颜的老人，作家马克斯·比尔博姆。敬慕者说："马克斯，你找到了青春永驻的秘密。"比尔博姆却黯然回答："不对！我是发现了保持衰老容颜的秘密。"

右页图：另外一棵盆景矮树——光叶榉，它很有可能比大树年长很多

第三章 寿星

活着的和死去的

最古老的一些松树，感觉它们在两百年或更长的时间里，一直在做垂死挣扎。

它们曾经完整的树皮，现在只剩下狭窄一片，树皮下的组织还在依旧生长。

的确，生命的枯萎极为缓慢，它们之中有几棵看起来好端端的，似乎至少还可以再活500年。但是，也许它们活不了那么久。

——爱德蒙·舒尔曼，“玛士撒拉的漫步”的发现者

（发表在《国家地理》）

左页图：长寿松的第二代“族长”，它是所有大树中最大、最高、最年轻的

“老人与山”

非常难以想象，还有比加利福尼亚州的10 000英尺（约3048米）高的怀特山上面，那些山石嶙峋、苍茫、惨白的阴面斜坡更恐怖的地方了。在这里，爱德蒙·舒尔曼博士发现了世界上最古老的树。

坡地下方6000英尺（约1828.8米），曾经树木常青的欧文谷地上，将水资源掠夺一空的洛杉矶市在茫然地凝视着你。20英里（约32.19公里）开外，是乌鸦可以飞过的欧文谷地的另一边，那里向上4000英尺（约1219.2米），是白雪覆盖的内华达州塞拉山脉，座座耸立的山峰如塔尖和城堡的城垛令人目眩。

在怀特山上这片长寿松树林里，舒尔曼博士命名了“玛士撒拉的漫步”，它是树中的一位“老人”，已经有4600多岁了，是科学界已知的最古老的树。

当舒尔曼潜心研究长寿松（*Pinus longaeva*）时，人们还一直相信巨杉是世界上最高大的树，同时也是最古老的树。过去，当成百上千棵巨杉被砍伐后，人们发现还是可以沿着外围向中心，清晰地辨认出这些古树的年轮（杉木的木质比较抗腐烂），因此计算得出有些巨杉的树龄超过了3000岁。

20世纪50年代中期，舒尔曼有了令世人惊叹的发现。他使用瑞典的树钻孔机，3英尺（约0.91米）长、只有一支铅笔那么粗。他在很多长寿松树干上钻取了呈放射状分布、直到树中心的一系列孔洞，取出木材。然后，他把木材拿到实验室的显微镜下，计算它们的年轮。其中有17棵长寿松超过了4000岁，它们不仅还活着，而且树形独具风格。

舒尔曼认为古树的形体大小与它们的寿命之间并没有关联，而实际上树的寿命其实是与其所承受的压力相关的。（如果这也适用于人类该多好，可怜的舒尔曼因过于劳累，49岁就英年早逝了。）这些最古老的长寿松承受着难以想象的气候压力：冬天里，或被大雪掩埋，或被夹着冰凌的狂风吹打；春天和夏天里，被太阳灼烤。融化的雪水是这些长寿松仅有的水源。它们的生长期每年只有短暂的几个星期。因此，是生存压力使得长寿松放慢了生物钟，让它们把维持生命的需要降到最低。（压力对于盆景树的作用也是一样的，但它是通过促使盆景树不断地生长幼根和嫩芽使得盆景树长生不老。）事实上，这些最古老的长寿松一直活在生与死的边缘。因为它们的主干早就死了，只剩下树枝在随后的几千年里一直活着。这些树枝都是命悬一线，这条线就是与树根相连的树皮。

舒尔曼在树木年代学上的领先研究（他及其他后来的学者将怀特山中已经死掉的树龄9000岁

“玛士撒拉的漫步”，这里面的某棵树就是世界上最古老的树，不过科学家们并没有告诉我们是哪一棵

的长寿松作为样本），带给考古学家们很大震动。因为这证明他们通过对大树含碳量的测定而估算的树龄是错的，二者的测算结果有几百年的误差。爱尔兰的巨石阵就是个错误的例子，考古认定巨石阵出现在3500年前，后来被证明应该还要再早500年。舒尔曼的工作也导致了一个不幸的结果：一位犹他州的地理系学生认为他肯定可以找到一棵比“舒尔曼的老人树”还要高寿的长寿松。于是，说干就干。

他借来树木钻孔机，在横跨内华达州和犹他州的蛇山中，找到了一棵经他计算年龄可达4900岁的长寿松。可是，他借来的钻孔机被卡在长寿松的树干中。令人难以置信的是，当地的守林人居然允许他为了取出钻孔机而砍倒大树。如今，世界上曾经最古老的树，仅剩一节残存的树干在内华达州的赌城中被展示。

2000年10月，一个寒冷的天气里，我爬上了通向舒尔曼的长寿松的山坡。野外5英里（约8.05公里）的负重跋涉可不像郊游那么轻松，我的脚踩在冰冻的碎石上，我的背上是30磅（约13.6千克）重的林哈夫相机和三脚架。一万英尺高的稀薄空气使我上气不接下气。当然，这次徒步还是非常有吸引力的。当月亮爬上来，照在许许多多已经死去和即将死去的，虬曲沧桑的大树上时，我在老树身边的身影看起来一定很像画家卡斯帕·大卫·弗里德里希的油画——《两人观月》中的一位。

但是，究竟哪一棵长寿松才是那位赫赫有名的大树“老人”？看来官方非常谨慎地替它保守着秘密。我已猜出了答案，但是我不会再给任何一位地理系学生机会了，我把它作为我的秘密留在心中。

右图：图中右面的老树可能在1000年前就死去了，但是它仍旧有与命运抗争的勇气

科威利肯和绿人

我顶着夏日狂风穿越瑞典南部，眼前掠过交错生长的葱郁的云杉林和松树林，隐约可见的大小湖泊点缀在林间，风景如画。我怀着敬意来观赏那棵全欧洲树围最粗的夏栎（*Quercus robur*）。令我吃惊的是，这棵栎树王生长在贫瘠的土壤里。它伫立在遍布卵石的围栏里迎接着我，旁边是一座红砖房顶的现代派农舍。目前整座农场并不专注于农事生产，有一半的牛棚都被废弃了。松树林环绕的田地里，生长出了很多弯弯曲曲、姿态优美的刺柏。农庄主人则为络绎不绝前来观赏科威尔最大的栎树——科威利肯栎树的瑞典游客提供茶歇服务。

这并不是一棵能用惊人的壮硕或神赐的外形那样的视觉效果将你击倒的栎树，只是在数字上面胜出而成了树王。它是欧洲最粗大的栎树——最粗处的树围达50英尺（约15.24米），这是正式公布的绝对值。但是随之往上，树围立刻开始变小。与我在英国、法国和德国见到的巨大栎树相比，我不认为科威利肯在体积上无与伦比的巨大。但是我可以确定它曾经一定非常美丽。现在它伟岸的外表已经衰落了，从头到脚都是空洞，被一根生锈的铁链箍住树冠下方。它这副模样已经好几十年了，由于风暴刮飞了它多半的大树杈，所以好心肠的专家们用几根铁链将它捆扎了起来。很多年过后再看，这种修复手段对于大树真是灾难，因为随着大树的生长，铁链会嵌入树干中。尽管如此，栎树科威利肯一直活着，还生长得不错，仍旧结果实：8月间，我可以看见它的一些树枝上有发育良好的果实。树木枝叶繁茂，当我举着相机为它拍照时，树叶在风中沙沙作响，我希望那是它满意的呢喃细语。

不是佯装不见，我怎能没有注意到那被藏匿在树洞里的可爱的绿人塑像呢？它是异教徒生育繁衍的象征。

最令人吃惊的是科威利肯如此巨大和长寿。我估计它大约有750岁了，与法国诺曼底阿卢威

绿人，异教徒多子多孙的象征，正透过树洞向外凝视

瑞典魏尔镇的栎树，以数字胜出的树王

尔的教堂栎树的年岁大致相同。但是，此处充满碎石的贫瘠土壤与阿卢威尔的土壤有天渊之别。通常观察橡树的生长状态就能得知土壤的优劣：土壤越肥沃，土层越深厚，橡树越高大茂盛。而橡树科威利肯在贫薄的土壤里不得不横向发展，长得很肥胖。

科威利肯之所以能生长在此地，有可能是在很久以前，生长在瑞典的肥沃土壤上的栎树都已经被砍伐一空，这些土地也都变成了农场或林地，而科威利肯是由于早期掉落到碎石地里的橡实萌发生长来的。让我们祝福绿人万寿无疆！

帕西法尔与圣杯

一棵巨大、古老、树干中空的阔叶椴，几乎与栎树科威利肯有着同样50英尺（约15.24米）的树围，绿荫华盖，屹立在距离下巴伐利亚南部科廷3英里（约4.83公里）的里德村。与栎树科威利肯一样，这棵树叶很大的阔叶椴（*Tilia platyphyllos*）一定是这个物种中的树王。它是我所见过的最美丽的树之一。

树和人一样，很难同时拥有玛士撒拉般的高龄和特洛伊海伦般的美丽。然而里德的这棵阔叶椴巨树却是个光彩照人的特例。在2000年8月的一个清晨，当阳光照亮了那如喷泉般从古老、中空的树干上生长出的茂密新枝时，我前来拍摄它的照片。好一根大树干啊！最好有一条由文艺复兴早期的画家乌切洛挥毫绘画的龙蜷曲盘踞在树干上，等待着蓝衣公主的到来。当地的历史学家相信这棵树有一千岁。我却认为这不过是推测，因为阔叶椴木的木质太软了，不容易长寿（它柔软木质受到雕塑家格灵·吉本的青睐，被他用来雕刻花朵、水果和女神）。但这种树却有惊人的再生能力。你只要看过一棵30年前，被一场暴风雨击落树冠后又重新焕发生机的椴树就能明白了。一棵古栎树无法积蓄能量来完成这样一项任务；其他长寿树种，如悬铃木和欧洲栗，应对这种情况的办法是在老树干旁长出一棵新的树干；而椴树似乎可以毫不费力地再造出一个新的自己。

一百多年以来，这棵椴木有一个谦虚而庄严的名字，“沃尔夫林”，意思是沃尔夫拉姆·冯·埃申巴赫的椴木。这是为了纪念中世纪的行吟诗人沃尔夫拉姆·冯·埃申巴赫，他创作了德语诗《帕西法尔》。这位诗人在海斯坦城堡附近生活多年，迷恋上颇有魅力的城堡女主人——玛格丽芬·冯·海斯坦。他的很多叙事诗，包括这首《帕西法尔》，都是献给她的。巴伐利亚人坚信，诗人就是坐在这棵椴树下挥笔创作了诗中的一些篇章。

我联想起画家乌切洛似乎是不妥当的，为这棵树画上一条盘踞着等待蓝衣公主的龙，也是不合时宜的。我们需要的是剧作家瓦格纳的英雄帕西法尔，一名寻找圣杯的骑士。帕西法尔，你不用再寻找了，圣杯掩埋在这里，就在这棵椴树脚下。

左页图：沃尔夫拉姆的阔叶椴，在巴伐利亚的里德，难道沃尔夫拉姆曾在此树下创作《帕西法尔》吗？

传说中见过恺撒大帝的落叶松

人们把意大利蒂罗尔的瓦尔蒂莫称作“最遥远的山谷”（德语区的人则称它为“Ulrental”），那里的风光和明信片上一样美丽。即使到了6月末，高山草甸上的野花仍然鲜艳地盛开着。经过平原地带的喧闹后，你会被森林轻轻的低语声重新调整听力：亮绿的落叶松窃窃私语，深绿的云杉交头接耳，只有童音般清脆的牛铃声会将它打破。

2001年一个明媚的夏天，我从梅拉诺驱车来到这座山谷。一些尊敬的专家告诉我，在峡谷中最深处，一个名为圣盖楚达的村庄附近生长着三棵欧洲最古老的落叶松。人们已经知道它们的准确树龄：2085岁——可以说是老的惊人，与尤利乌斯·恺撒“同辈”。因此，它们是当今欧洲所有已知树龄的树种中最古老的树。

这三棵落叶松靠得很近，生长在一个陡峭的山坡上。距离它们一百码的高坡处，是一个老旧、带有木房顶的小农舍，里面有牛棚和谷仓。圣盖楚达的村民对这三棵“Urlaerchen”（原始落叶松）很自豪，他们乐意为我指路。在这片有很多村落和国家森林的高山草甸，古树是稀有的珍品。这三棵落叶松能从斧头下幸存，是因为它们可以保护农舍不被雪崩摧毁。起初，落叶松是兄弟四个，大约在70年前，第四棵树没了，它也许是被砍伐了，也许是被烧毁了。但有人计算了第四棵树树桩上的年轮，一共有2015条，只是这个计数的人没有被翔实记载下来。这就是幸存的三棵大树的生长史。到目前为止，树龄再加70年，天啊，它们有2085岁啦！

三棵落叶松中最巨大的那棵树围接近20英尺（约6.1米），也是最生机勃勃的。尽管树干已经部分中空了，但它仍旧向外萌发新枝条。第二棵树的树冠已经掉落一部分，有一棵它自己的后代——一棵小落叶松，从在树干的半截处萌发生长起来，很像在袋鼠妈妈育袋里的袋鼠宝宝。第三棵树最小，也是树干腐朽得最厉害的。我坐在它的树洞里仰望头顶的蓝天，看到这棵树好像一根大烟囱。

这些带着树洞的老树，真的有人们所声称的那么古老吗？专家们会不会被大山里的夸张故事所欺骗了？我始终对第四棵树的树龄来历有疑惑，而其他三棵树的树龄正是由它得来的。我发现它的故事有很多缺陷，也可以说是漏洞。首先，究竟是谁数了第四棵树的年轮？真的是在1930年数的吗？为什么他没有留下任何文字记载？如果第四棵树和其他三棵树一样也有树洞，那又是怎么数清年轮的？

我也在欧洲其他地区见过一些古老的落叶松。三百岁的树龄对于落叶松已经是高寿了，因

“最遥远的山谷”中的三棵落叶松，应该并非与恺撒大帝同时代

为它的木质比橡树、甜栗以及所有的紫杉都要容易腐烂。

但我仍旧相信这三棵树的确是无与伦比的寿星，它们是生长在人间的奇迹。只是我猜测，它们生长的年代更接近教宗亚历山大六世之子切萨雷·波吉亚，而不是恺撒大帝。也就是说，它们的树龄只有当地人口口相传的树龄的四分之一。

栎树下的审判

1838年，苏格兰百科全书的编纂人约翰·劳登出版了极富权威的有关英国树木的八卷著作——《大英树木与灌木》。此套书中包含了一些令人吃惊的欧洲树木的资讯。在写到德国树木的时候，劳登引述了16世纪一位作家古奇的关于一棵威斯特伐利亚的"oke"[1]的文字，这棵树从树基到最低的树杈竟然有130英尺（约39.62米）。还有一棵"oke"，树围居然超过90英尺（约27.43米）。

听起来如此高大的栎树很适合做神话传说里的独角兽的家。可以确定的是，如今欧洲尚存的树中，再没有一棵可以达到那样的高度和树围了。然而，在德国西北部的威斯特伐利亚，依然生长着高大美观的栎树，其中最有名的一棵就是*Feme-Eriche*（法官栎树）。

一些历史学家认为，这棵树最初是异教徒供奉沃坦神的神龛，因为至今老人们仍把它称作*Raben-Eiche*（乌鸦栎树），而乌鸦是沃坦的神鸟。13世纪，国王在威斯特伐利亚设置了名为Feme的地方法庭，成为国王派使臣秘密地审讯反对者的地方。也许由于这棵树为供奉沃坦进行过一系列黑暗的礼拜仪式，因此这棵树被指定作为秘密法庭的审判地。邪恶的审判废止以后，从19世纪开始，这棵树干已经完全腐烂成空洞的"法官栎树"，被人们用作庆典仪式的场所。1819年，王储的30名全副武装的步兵曾在树洞里列队。

2000年7月，一个阳光明媚的早晨，我来到了埃勒。这棵栎树孤零零地生在破败的郊区，使得这次拜访成为一次怪异的经历。在1892年，人们测量了这棵已经"肚腩下垂"的古树的树围为41英尺（约12.5米），随后计算出它的树龄为1200岁，是整个德国境内最古老的树。如今它的"肚腩"已经不能再测量了，整棵树就像一个支撑在地上，有着破烂树皮的巨大的木头三脚架。尽管栎树还有树冠、长着卷曲的树枝、披挂着绿叶、仍旧孕育橡实，但它那骷髅般的树干、利爪般的树枝依然带着异教的恐怖。如果有的选，我决不愿意在这里接受审判。

1　编注：此处及下处"oke"应指的是栎树（英文 oka）。

上图：法官栎树令人惊恐的树干近景

左页图：在威斯特伐利亚的埃勒的夏栎，是法官栎树？还是乌鸦栎树？

龙血树又长出了新“头”吗?

龙血树版画，创作于1819年的特内里费岛的奥罗塔瓦

我一直为那棵死去的巨大的龙血树感到很难过。它曾经生长在特内里费岛北岸的奥罗塔瓦，早在西班牙人在文艺复兴早期征服这座岛屿的几百年前，它就已经非常有名了。后来我有幸得到一幅创作于160年前的龙血树的版画，第一眼看到它，我的心跳就不由加速。

将右图这幅龙血树的版画和对面那张龙血树照片对比，它们像不像同一棵树?

让我解释一下。这幅奥罗塔瓦的版画大约是在1840年创作的，而照片是我在2002年2月访问靠近奥罗塔瓦的艾克德镇，参观那棵龙血树时拍下的。现在那里已经成为一处著名的观光景点。关于奥罗塔瓦的龙血树还有一幅更早的版画作品，创作于1809年，是洪堡男爵根据早期的素描发表的。洪堡带着龙血树的传说从奥罗塔瓦旅行归来，按他的估算，这棵龙血树已经6000岁了。有一点可以确定的是，尽管那棵树的确非常巨大：大约60英尺（约18.29米）高，树围最粗达35英尺（约10.67米），洪堡的那幅版画非常不准确。而我看到的那幅作于1840年的版画则更为精确，和那棵龙血树的照片惊人的相似。照片和版画中的小屋会不会就是同一个呢？零星点缀着几棵棕榈树的花园也是同一座吧？峡谷里连绵起伏的山峦也是同一处吧？而且两幅作品里的龙血树看上去俨然就是同一棵。不论是在哪个画面里，龙血树都像是一个要崩溃的怪兽，版画中树的“咽喉”处像是有一道深深的伤痕，而照片中在大树“颈部”也有一道清晰可见的伤疤。

令人困惑的是第一棵龙血树，即洪堡版画中的龙血树。按照来自各方面的记载，那棵树在19世纪60年代晚期被一场暴风雨袭击倒了。那么，我的镜头在艾克德镇拍摄下的那棵树，难道是另外一棵龙血树？或许，这棵树是九头蛇，能够在

艾克德镇的龙血树，位于现在的特内里费岛

暴风雨过后，重新长出一个头？这真是令人激动，我几乎要兴奋地说出这个假设了。

艾克德镇的龙血树，是棵树围不会少于30英尺（约9.14米）的擎天巨物。但是，从严格意义上说，它不是一棵树。它像所有的龙血树一样，树皮下的“树干”没有同心圆的年轮，所以它像是一大簇捆绑在一起的树根，看上去像管道一样。在特内里费岛的龙血树（*Dracaena draco*）和加那利群岛及北美生长着的龙血树，同为60个浪漫的龙血树属中的一员。它们与索科特拉岛和南非的龙血树是堂兄弟。所有龙血树种树液都是血红色的，还有像龙爪般的树枝，它们正因此得名。

龙血树的寿命究竟有多长？可怜的洪堡猜测它能活6000岁，这可比《圣经》记载创世记的时间还要早，因此为后人留下了笑柄。按照当今植物学家的观点，龙血树里的寿星600岁就已经算是极限了。洪堡的那棵龙血树会不会又生长出了新树冠？它还在那里等着我来拍照吗？

我从特内里费岛回来后进行了一些研究，终于找到了答案。洪堡版画中的树在奥罗塔瓦镇往东3英里（约4.83公里）的奥罗塔瓦酒店内。而艾克德镇的龙血树在小镇往西10英里（约16.09公里）。我只想说，人不会每次都正确，我也有犯错的时候。

圣树

树，美好贤良的生命……

有人举斧劈来，它依旧施与阴凉。

——佛陀

（斯里兰卡康提的一个森林保护区的大门上的雕刻）

左页图：在意大利北部韦鲁基奥的圣方济各会的柏树，它已经有800岁了，“既然你不想被烧成灰烬，就去长成大树吧。”

权杖化身的斜塔树

方济各会教堂坐落在意大利东海岸的韦鲁基奥，距里米尼5英里（约8.05公里）。教堂里有一棵古老的柏树在回廊外沧桑挺立。仰望古柏，如一尊斜塔，但是游客们不必担心它会倒下。30年前，一场飓风袭击使得它严重倾斜。直到2000年12月，才有一家当地的建筑公司慷慨相助，开来一辆吊车，给它安装上几根支撑杆：一共3根30英尺（约9.14米）长的钢管，另一端用螺栓固定到教堂回廊的土地里。

不管以何标准衡量，这棵地中海柏木（*Cupressus sempervirens*）都算不上一个巨人，它的树围还不到10英尺（约3.05米）。但是它是欧洲最老的柏树，而且是为数不多的具有“贵族血统”的树。它是由阿西西的圣方济各牧师大约在公元1200年亲手栽种的。这一传说是修道院里的信徒兼接待文员迈克尔兄弟讲述给我的。800岁的树龄！对于加利福尼亚4000岁的长寿松而言，不过是一眨眼的工夫。但是在欧洲，即使与那些生长期最久的树相比，比如栎树、欧洲栗树和柏树，它也算高寿了。迈克尔兄弟，我相信你讲述的传说。我贴近古柏细心观察：它俨然是一位暮年的贵族，透过绿叶斗篷可见瘦骨嶙峋的枝杈，虽然被铁柱支撑着，但却仍顽强地繁育（它的树枝上球果累累）。

一对鸽子栖息在高处已经枯萎的树枝上，正要开始夜间吟唱——鸽子是圣方济各城的象征。迈克尔兄弟领我穿过教堂，去看公元1200年圣人栽种柏树的壁画。（但是壁画看上去很现代，也可能是早年壁画的复制品。）迈克尔兄弟向我解释壁画的内容：当年圣方济各是怎样来到此处寻找新的修道院。他的助手们信徒们捡拾树枝生火，圣方济各把自己手中的权杖投进火里。第二天清早，火堆只剩下灰烬，但是那根权杖奇迹般地变绿了。“那好吧！”圣人说，“既然你不想被烧成灰烬，就去长成大树吧。”圣人随后把权杖栽进地里，后来那里成为新的教堂回廊的中心。

此地的信徒也像这棵树一样，人数与日俱增，繁盛起来。曾经最多有40位修士，但随着意大利天主教的盛世渐去，现在只剩下了4位。然而迈克尔兄弟是位乐观派，他容貌英俊，皮肤呈古铜色（他说他的父亲是一位生于阿尔巴尼亚的土耳其人）。他解释说，在韦鲁基奥的方济各会的修士虽然只有4位，但是在世界各地共有23 000位方济各会修士。他从果园里摘下几颗无花果递给我，并向我发出邀请，如果我有空闲，他希望我留下来静修一周。在这棵高贵的树的浓荫里，一周光阴，是何等令人心驰神往的事啊。

右页图：圣方济各柏树的细节图，鸽子落在了上面

拯救教堂栎树

一棵树在什么时候不叫树？答案是：当它是一座房子的时候。阿卢威尔的教堂栎树位于法国鲁昂西北30英里（约48.28公里）处。它在17世纪晚期就已闻名于法国。1696年，当地教区的杜塞尔特神父在栎树洞内搭建起一个小教堂，里面有做弥撒的圣坛，教堂顶上还有一间小屋供隐修者使用。教堂供奉的是和平圣母，这里很快就成为朝拜圣地。特别是每年的8月15日——圣母升天日，隆重的圣宴就在栎树教堂里举办。但是在1793年，附近那些宗教组织几乎濒临灭亡。当时，革命已经演变为恐怖活动。巴黎公社社员们得到批准，叫嚣着要根除掉所有宗教组织。他们在狂热中焚烧了神父的宅邸，随后气势汹汹地奔向栎树教堂，（据目击者说）同时像醉汉一样狂喊：

> “去大栎树！我们去烧毁祷告的壁龛！”

当地的一位校长，让-巴普蒂斯特·博纳尔先生镇定自若地在教堂栎树旁的墙壁上贴出一张醒目的布告，上书：“公理殿”，这才使栎树幸免于难。

此后，教堂栎树经历了栎树通常都会遭遇的树干中空的厄运。在19世纪早期，它的树冠被雷电劈中而凋零。树的内部既有自然的、也有人为的创伤，可以说是伤痕累累。树干东侧的树皮快掉光了，但是，教堂栎树的救助工作从没间断过。已经死掉的树顶搭建上带有十字架的尖塔。树皮褪掉的地方贴上了带保护层的栎木片，用以遮盖两个大树枝掉落后的伤疤。1853年至1854年间，在栎树洞内重修了圣母堂（因为欧仁妮皇后将一尊精致的圣母的木雕像赠予了教堂），二层隐修者用的小屋改建成加略山教堂。1854年10月，鲁昂大主教为祝福这座重新修复的教堂谱写了新曲，并赋写了一首赞美诗。

一百五十年之后，我站在教堂栎树下，对这棵“不朽的大树”的内部至今保护如此完好而惊叹不已。在90年代早期，新一代的整修人员花费了重金照顾这棵纪念碑似的栎树。栎树教堂下端的八角楼重新镶过叠式木条，安装的条形镜面玻璃给整个树内部，从下直到八角楼中心的哥特式尖顶上都带来更多光线。圣坛上，欧仁妮皇后赠送的圣母雕像向每个人致意。我顺着阶梯爬到上面的小教堂——对于今天的修道者，它真是太精美了。

但是从外表看，栎树正不可阻挡地迈向衰亡。没有任何文献记载能够让我们确定它的树龄。但是，从这棵树在300年前出现树洞算起到现在，我估计它应该至少有750岁了。（官方年龄“1200岁”比世上已知的最古老的栎树还要老，我对此持怀疑态度。）就像人类面对衰老，高龄对于一棵树是痛苦的时光。最近，一波整修人员开始纠正前人犯下的错误（他们把折磨树的铁条摘掉了），为树贴上新的木瓦，并用两根巨大的铁柱把树支撑住。我衷心感谢他们这份善举，我也希望，当教堂栎树大限来临时，让它有尊严地死去。

教堂栎树，矗立于法国诺曼底的阿卢威尔，被加固、支撑、遮盖着

释迦牟尼的菩提树后代

2000年1月，斯里兰卡正在内战中挣扎。泰米尔猛虎组织占据了岛国的部分北方领土。泰米尔的自杀式爆炸者们甚至袭击到远在南方的首都科伦坡。我却热切地要去探看那棵菩提圣树，它就在岛国的北部中心——阿努拉德普勒。毋庸置疑，它是当今令整个世界崇敬的圣树。因为它是由公元前6世纪时，佛陀坐在下面开悟的那棵菩提通过正宗的世代扦插繁衍而来。但是，在这杀戮四起、纷飞战火中，做一次朝圣之旅是不是太疯狂了？

科伦坡的朋友告诉我不必担心。猛虎组织成员们都是印度教徒，确实曾企图炸掉菩提树，他们认为它是佛教徒压迫的标志。好在目前政府武装已经控制住局势，1月份将是最合适的前往时间。

于是我和一位胆大包天的朋友乘坐一辆当地的出租车出发了。如果你在斯里兰卡整天开车在外还能活下来，说明恐怖手段对你来说根本不是回事儿。第二天，我们安全抵达阿努拉德普勒。政府军确实已经控制了局势。最后一公里左右的行程我们需要下车步行，还要与哨卡交涉才得以通行。终于，我们来到了蜂蜜色的高墙前，这里通向圣地，一个站岗的卫兵让我们通过。

公元前6世纪，释迦牟尼在一棵菩提树下顿悟成佛。这棵树生长在印度北方，临近恒河，它是自然死亡的。在此之前，公元前3世纪，斯里兰卡一位皈依佛门的公主在回家乡传播佛教时，从那棵佛祖的菩提树上取下了一根枝条，种植在阿努拉德普勒。菩提树属于榕属，被植物学家命名为*Ficus religiosa*。它被世界各地的佛教徒所敬仰，因此，焚烧任何菩提木的行为都是被禁止的。

经过看门人，乍一进入院中我顿觉失望。院子里红色砖瓦砌成的建筑既不古老也无美感。祈祷者的彩旗在空中飘扬着，像是正在举办嘉年华。一位老者倚在办公室的墙边在给祷告者们诵读经文。一群佛家弟子走过，递给我的朋友一株粉色莲花。但是，那棵闻名天下的菩提究竟在哪？我们攀上台阶（请看右页的照片），发现了它那簇拥在一起的条条树干，看起来树龄不会超过200年。这些树干隐藏在用水泥筑成的基座中间。难道这就是那棵来自佛陀的菩提树的后代吗？或者，它是佛陀那棵菩提的后代的后代的……这也是有可能的，佛陀庇佑过他那棵树的树根，且所有美好的事物都会被保佑，它们是永生不灭的礼物。

来到院子外，我们看见一棵小菩提，沿着蜂蜜色的墙垛攀爬过去，一群猴子围着菩提树干追逐嬉闹。我们蓦然瞥见一只“老虎”——一只非常温顺的泰米尔“老虎”，它正躺在菩提树根旁。

右页图：生长在斯里兰卡阿努拉德普勒的菩提树，自公元前3世纪起一直被佛教徒尊奉

第94～95页图：右侧一位敬拜者沿着菩提树的方向拾级而上，手捧供奉的莲花

药神树

如果你计划去希腊旅游，希望能让你的心灵被那些名胜古迹荡涤，我会建议你顺便去拜访科斯岛。到达科斯岛后，不必花太多时间游览阿斯克勒庇俄斯神庙——也就是药神庙的遗址，因为那并没有多么出彩。去看一棵古树的残躯吧，它是继斯里兰卡闻名于世的佛陀的菩提树之后，世界上最著名的一棵树——“医药之父”希波克拉底的伟大的悬铃木。你会发现，它的身躯虽然已经老朽不堪，但仍然顽强不屈地生长着。它隐藏在一个有拜占庭风格的穹顶的小庭院中，院子里还有一个土耳其式饮水泉。这棵悬铃木原本是由一些希腊风格的柱子支撑的，经过无数次地震之后，柱子都已经歪曲断裂。现在树干被一个巨大的、绿色铁笼子围起来。

几百年来人们一直坚信，在公元前5世纪，伟大的药神就是坐在这棵树下向学徒们传授药理知识。现在我只想要分享他们的信仰。这可以使得药神树的树龄比生长于公元前2世纪的那棵佛陀的菩提树的最年轻的后代还要年长300岁。可是有些爱泼冷水的人士会指出，三球悬铃木（*Platanus orientalis*）的寿命比菩提树的寿命要短。的确，眼前这棵悬铃木的主干内部已朽成空洞了，像个老葫芦的壳。空如葫芦的主干的西侧生长出很多树枝，茂盛地伸出了笼子。大约100年前，主干东侧一条树枝旁又长出一根年轻的主干，这些郁郁葱葱的树枝长成了一个可爱的圆顶树冠。但是，我依旧怀疑，这棵主干中空的老树的树龄不会超过600岁或700岁。

药神树的崇拜者们肯定会说，你先别急于下结论，也许的确有这么一棵希波克拉底时代的悬铃木呢？虽然悬铃木树活不了2500年，但是它的根可以活下来。希波克拉底也会像佛陀那样庇佑他的这棵树生生不息。虽然主干内已空空如也，但它可能是那棵药神树的第四代，从根部再发芽后生长出来的。

希波克拉底的崇拜者们和科斯岛的蕾契娜美酒一起说服了我。他们说的理所当然是正确的，因为无论从任何角度，无人能证明他们是错的。

希波克拉底的悬铃木，被支撑在希腊科斯岛上的一个铁笼子中

令人仰止的鹅掌楸

2002年一个晴朗的早晨，空气凉爽宜人，波托马克河流经弗吉尼亚州府郊区的弗农山庄。这里正是美国开国总统华盛顿的故居，弗农山庄可说是美国国宝级的令人神往的游览胜地，故居外前来瞻仰参观的游客们排成了长龙。排队等候的游客们神情愉快，但他们心里清楚没点儿耐心可不行。排了约一两个小时后，游客才能在引导员的带领下进入参观。故居里陈设简单，模拟展示了一些场景：当年建国之父坐在书桌边，一间小餐厅里家仆正在给华盛顿和妻子玛莎上菜，还有华盛顿夫妇当年睡过的一张极为简易的床。

但故居外的人群中有谁曾留意过那对风姿优雅的鹅掌楸呢？这两棵高约130英尺（约45.7米）的参天大树是1785年华盛顿为了改良花园西面草坪的景观亲手（或吩咐家仆）栽种的。我发现，当排队游客依次经过树下时并无人抬头仰望。令人疑惑的是，当人们置身树荫下，不见任何提示（为方便前来瞻仰的人们熟悉历史，应该提供更详细的记载和提示），而这两棵树才是伟人仅存的有生命的纪念物。

1783年时，华盛顿决定像古罗马英雄辛辛那图斯一样解甲归田，开始农场主的生活。当时英军已战败，美国获得了独立。华盛顿渴望自己的农庄能有一万英亩耕地和300名听话的奴隶。在担任总司令的八年里，他几乎连看都没看一眼弗农山庄。现在，他可以种烟草、养羊、在波托马克河里捕鱼，当然还有最重要的就是翻新房舍、扩大草坪和种更多的树。然而，好景不长，和古罗马英雄辛辛那图斯一样，退隐务农没多久后，他又被国家召唤了：还有谁比华盛顿更能胜任美国总统呢？

这两棵当年华盛顿亲手栽种的鹅掌楸，永远地成了他曾短暂地淡出政治和权力中心的一个象征。和大多数华盛顿种植的树木一样，这两棵树是美国本土树种。按照华盛顿的惯常做法，这两棵树有可能是从附近树林里移植过来的野生树种。我选了一棵较大较健壮的，拍摄了照片。这棵树不算茂密繁盛，但高度过人，我觉得它比我在别的地方见过的鹅掌楸要高。这树显然是神圣的，或者说完全当得起神圣二字。也许把它列为寿星树还有点儿勉强，但对于一棵长在花园里的树来说，站立215年也可真是不短了。我真希望这两棵树能再活个几百年。然而令人忧心的是，风霜雨雪早已侵蚀了树干和树枝，而一旦树皮被蚀穿，裸露的树干就会腐烂。

幸运的是，一群热心人已经意识到这两棵大树的重要性，并开始繁殖它们的树苗，然后公开出售。但是树种的来源成了问题：这两棵树太高了，连蜜蜂也没法飞上去授粉。也就是说，要为大树传宗接代，必须得有个130英尺（约39.6米）高的起重机！终于到了这天，在数百万电视观众的注目下，一个人代替蜜蜂被起重机送上去，在大树顶端完成了人工授粉。

右页图：1785年乔治·华盛顿在弗吉尼亚州故居弗农山庄亲手栽种的鹅掌楸

被九个妃子围绕过的大树

作为历代马达加斯加国王与王后所在的古都，安布希曼加（即皇家蓝山行宫）的神圣性直到最近才得到确认，并对游客开放。每一座木质的皇宫建筑、每一块祭祀用的石头、每一棵盘根错节的榕树，都带着神圣的意味和肃穆的仪式感。在过去，一棵树是很神圣的，即使死了也不能随意搬动，必须矗立在原地，用来纪念已故的麦利王朝统治者们，这个王朝于1897年被法国殖民者终结。

如今，马达加斯加已经成为一个骄傲的独立国家，但依旧贫穷。安布希曼加对外国游客敞开了欢迎的大门。要抵达城堡，游人必须穿过一个著名的城门：其实是一块巨大的圆形石板，晨开夜闭，每次开关要由几十个人推滚。

国王安德里亚纳姆波伊尼麦利纳（1787-1810年）的宫殿建在一个山脊上，当你的眼睛逐渐适应了四周的黑暗，你会发现整个皇宫实际上是一个房顶很高、只有一个房间的木屋。屋子里全是陶土制的蒸煮锅，屋顶由一根30英尺（约9.14米）长的黄檀木树干支撑着。屋里有一个凳子、两张双层床，是国王和他的某一个妃子专用的。屋外的院子被一棵巨大的榕树覆盖着，这里是国王主持正义和祭神的地方。

从皇宫往下走，有两棵神圣的榕树，照片中的这棵已经有250岁了，是两棵树里较矮的一棵。每当国王主持典礼的庄严时刻，国王的12位妃子就坐在围绕大树的12个石凳上。我的向导是一位可爱的在校学生，尽管有几个石凳已被蔓生的榕树根吞没了，他还是想数数那些还能看得见的石头凳子：“瞧，还剩九个妃子的座位。”

我好奇的是，那些妃子们、那棵神圣的树，曾见证过怎样冷酷肃杀的仪式和场面呢？虽然安布希曼加在1810年就不再是首都了，但它直到20世纪90年代还仍然是皇室的居所。腊纳瓦洛娜女王还曾在刑柱上烧死过几百名基督教徒。我在皇家举行仪式的地方徘徊寻觅，希望看到点儿蛛丝马迹，以见证英国人在他们的对手法国人到来之前的几年里曾影响过这个地方。在女王腊纳瓦洛娜二世避暑的房子里，我找到了一个物证：一个很破很小的红木橱柜，它是由当时英国派驻马达加斯加的防卫长官代表维多利亚女王赠给马达加斯加女王的。这位自1863年至1883年被派驻马达加斯加的英国执行官名叫孔叙尔·托马斯·帕克南，恰巧和我同名，我对于法国人最终从英国手里夺走了马达加斯加毫不意外。

马达加斯加皇宫安布希曼加的榕树，威仪十足，树下还能看到九个妃子坐过的石凳

大樟树，请受我一拜

当飞机进入日本国境时，我不断想起一个18世纪的热词：sharawadgi。我想这个词的意思就是“无序之美”，邱园著名的中国塔的设计师威廉·钱伯斯阁下曾用该词来描述东方园林的一种独有风格，即源于山石和树木自然形成的曲线和布局的设计灵感。

樟树是日本境内生长的最粗的大树，这些常青的大树分布在温暖地区的海边。2001年的11月和12月，我乘坐子弹一般无声飞驰的新干线在东京以南跑了几百公里，只为寻访和拍摄这些樟树。大部分名列前茅的树我都见到了。令人吃惊的是，这些大树并不长在森林里，而是扎根于小镇和城郊拥挤不堪的神社中。这些树被人敬为神灵，树身上缠满了各种带子、流苏和纸叠的装饰品。日本民众从各地前来拜望神树，人们或是对着精神之树默祷，或是充满希冀地无语凝望。这些参拜者虽身穿西装，但他们仍和过去的日本人一样地微笑鞠躬。有一位男士一边读着大树的身份牌，一边很开心地轻声低语：“两千岁，两千岁。”我推测，日本的古建筑由于战争地震以及商业大潮的冲击已存世不多，所以比起欧洲，在这里古树才得到更多的尊敬。

也许，这些古树真的比它们寄居的建于七、八世纪的神社还要古老。但我有些怀疑，樟树的寿命是否真能超过一千年。然而不管怎样高龄，这些大树并没有优雅地老去。树的生长范围被限定死了，为了避免祈祷者被断落的树枝砸伤，任何一个长歪的树枝或向外倾斜的树干都会被砍断或锯掉。许多树被修理得毫无个性。我不禁感叹：“是否应该让一棵古树带着尊严死去呢？”

不过幸运的是，有两次，我看见了无与伦比的充满个性的大樟树。

在热海，一个位于东京西南45英里（约72.4公里）的美丽的海滨小镇，我见到了全日本第二大的古樟树。尽管两边的高架铁路遮挡了神社，这里依然是个神圣的地方。我看到从旅游车上下来的参拜者们静默地围着大树转圈。（我听说，绕一圈就能多活一年。我逆时针绕了十圈试图为自己增寿，结果被告知要是方向走错了只会减寿。幸好来得及纠错，于是我把刚刚损失的寿数补回来了。）虽然这棵树在20世纪70年代被近海发生的一场海啸严重摧残，其中有两根树干像两根分开的手指，还有一根树干被劈断，看起来像峭壁一样，衬得旁边的神社都矮了一截儿。

左页图：热海的古樟树，日本第二大树，据说顺时针绕树走一圈就能增寿一岁附近一片郁郁葱葱的树林里，掩映着另一棵樟树，可能比神社这棵还老，但体量只有后者的几分之一。在中空的树干里，有一个小型神龛。

两天后，我见到了第二棵有个性的大樟树。那天我沿着神社的台阶往上走，神社位于东京西南600英里（约965.6公里）的武雄，后来一位神职人员带我去参观了附近一棵3000岁的大樟树。武雄看上去并不怎么蒸蒸日上，这里受加利福尼亚以及“巨无霸”文化的影响更大，而并不是两位著名的日本画家葛饰北斋和喜多川歌麿的浮世绘作品中的日本文化。在郊区，满眼都是林立的水泥柱和错综复杂的电缆线。好在神社位于镇子最高点，一个长满树木的小圆丘上。

这棵大樟树高120英尺（约36.6米），树围66英寸（约1.68米），位列日本第六。但这不是最吸引人的，岁月侵蚀赋予这棵大树一种震撼内心的沧桑感。树洞没被刻意填平，树枝或树干也没被锯掉或修剪过。与我见过的其他樟树不同的是，这棵树被神社屋后栽种的一片雪松和翠竹簇拥、庇护着。树干里面已完全空了，无法推测树龄，就连年轮线也模糊难辨了。

树身上缠绕着的绳子和流苏彰显了它当之无愧的神圣地位。我小心翼翼地走进树干，发现整棵树仿佛一座危塔，勉强支立在长满青草的台阶上。树洞已然成为当地的小神社，光线来自树身上那些边缘不齐的洞口，这些洞都是树枝被暴风雨劈断后留下的。洞里有一个放供品的台案，上面是刚摆好的米糕、鲜花和蜡烛。

冬日的阳光从几个不规则洞口照射进来，让人觉得树干仿佛一扇雕花木窗，充满东方色彩。

这里的一切就是对sharawadgi一词的生动注释，弥漫着一丝悲壮。

面对精神之树，我微笑着，虔诚地朝它鞠了一躬。

右页图：日本西南武雄的古樟树，像一座随时会倒塌的塔

令人赞叹的多变之树

在武雄南面60英里（约96.6公里）处有个地方叫鹿儿岛，是日本版图的西南角。从鹿儿岛乘乡间火车沿着弧形海岸线一路走下去，迎面而来的迷人景色完全可以媲美著名的意大利那不勒斯港湾。放眼望去，碧波万顷的海面上樱岛火山（又被称为日本的维苏威火山）冒出的白烟宛如一片巨大的羽毛屹立天际。它的左面是海拔6000英尺（约1829米）的雾岛火山群，长长的山脊形成于火山爆发，许许多多的排烟口在荒凉的地表不断冒出含硫气体。

山脚处的冷杉和松柏林掩映着一座很著名的神社：雾岛神社。在一个还算温暖的深秋下午，我徒步穿过森林，沿着台阶攀行，只为看一眼本地最令人敬重的一棵大树，一棵日本柳杉（*Cryptomeria japonia*）。

和热海以及武雄的那些古樟树相比，甚至在杉树中，屋久岛上这棵巨大的名为“绳文杉”的日本柳杉其实也就是个小伙子。但这位后生可是相貌不凡、仪表堂堂：它身高110英尺（约33.53米），树围17英尺（约5.18米）的。凭它顶部优美的树冠和光滑整洁的树干，我推测它的年龄最多不超过300岁，这棵杉树最棒的地方是它的精神感召力。它的个儿头堪比任何一棵欧洲或美国的杉树，但树龄却要高很多，因为直到19世纪西方才开始从日本引进杉树。我的照片可能会有点误导读者，日本和西方一样，星期天是法定休息日。几乎每一个周一到周六的下午，树下都被游人围得水泄不通，人们身穿合体的西服，熙熙攘攘地前来求签问卦（神社里出售算命问卜的纸签），并在这棵神灵之树下祈祷。我拍照时特意选了一个人少的安静瞬间。

与一些生长于美国和墨西哥的“大兄弟们”，比如巨杉、落羽杉和墨西哥落羽杉之类比起来，日本的杉树个头要小一些，但是最有“进取心”的树种。我尤其赞赏它的多变性，这是一种能改变形状和颜色的树。经年累月，杉树在日本繁衍出了一些非常新奇的品种，其中很多都被引入西方。比如“班达杉”，一种扁平灌木，树上的针叶像一束束深绿色的苔藓；又比如“弹簧树”（也有人叫它“奶奶的发卷儿”），翠绿色的叶片卷成毫无规则的螺旋状；再比如“威莫瑞纳”，这种矮小的树30年才长高18英寸（约0.46米）。而最不可思议的就是一种名为“线虫”的杉树了，这家伙居然能像海蛇一样弓起后背，还能像变色龙一样随季节改变颜色。一定要去看一看大雪覆盖了“线虫”古铜色树叶的样子。那景象一定非常可爱，不过务必赶在大雪压弯树枝之前。

右页图：日本南部雾岛上的日本柳杉，这里的神社可以占卜

另一种有佛缘的树

2001年12月初的一天，我飞回东京，人行道上还残留着金黄的银杏树的落叶。在日本，秋天磨蹭着不肯离去，这些银杏树的耐力让我有些始料不及。多亏这些奇特的、带柄的扇形落叶，宛如翩翩蝴蝶，给日本单调乏味的人行道平添了一抹亮丽秋色。在护城河围绕的皇宫外面，公园里大多都有一些巨大的银杏树，堪比欧洲的椴树或水青冈。在佛教圣地，参天的古银杏树一向是倍受瞩目和敬重的。

当公元前6世纪，佛陀自中国来到日本，银杏树也被带到了这里。当时有一种说法：正是在这种无比谦和的中国大树下，佛陀获取了灵感然后开悟。这个说法推翻了以往的认知，即佛陀是在印度和斯里兰卡的热带菩提树下悟道的。从此，除了美化环境，银杏还被赋予了宗教的神圣性。银杏果实在日本的地位和在中国一样高，因为它不仅滋补，还可入药。实际上，正是在日本，西方植物学家才第一次见到了银杏。1712年德国人昂热尔贝·肯普弗首先对银杏树进行了描述，我们今天所知的银杏这个名字，最早是由日文ichou演变而来的，而这个词又来源于中文“鸭脚”一词的发音，直观地描绘了银杏的扇形树叶。

在我离开东京前的一个晚上，我沿着善福寺的台阶向上走，去看寺里一棵巨大的银杏树。它的树冠覆盖了整个庙宇，是全日本最古老的银杏树之一。据官方数据，这棵银杏树围30英尺（约9.14米），高66英尺（约20.12米），欧洲或美国很难见到这么粗壮的杏树。

我向寺里一位年迈的僧人打听这棵树的年龄。他指指旁边的一段说明，上面写着：这棵树早在1232年日本佛教大师亲鸾创立净土真宗时就已经存在了。善福寺这棵银杏树之年代久远和意义深刻，堪比圣方济各当年在意大利韦鲁基奥种下的柏树。日本的这位僧人，和比他略早几年的基督教同行们一样，为祈求新寺庙的建成，种下了这棵神树。后来神树开始抽芽、分枝，终于长成了一棵举国珍惜的大银杏。

毫无疑问，银杏树几乎能够抵抗任何灾难，屹立微笑。当广岛原子弹爆炸引发的放射性烟尘彻底消散后，人们在离爆炸点仅800码（约731.52米）的地方发现了一棵银杏树，树干完全被摧毁了，但极为不可思议的是，后来残存的树根竟然冒出了幼芽。今天，这棵劫后重生的银杏树已成为广岛市的一个奇观。

右页图：东京善福寺内的大银杏树，据信该树种植于1232年

澳大利亚西北部，德比附近的蚁山里的一棵开花的澳洲猴面包树

第四章 梦想

囚徒

普洛斯彼罗对爱丽尔：

假如你要再叽里咕噜的话，我要劈开一株橡树，

把你钉在它多节的内心，让你再呻吟十二个冬天

——莎士比亚，《暴风雨》，第一幕第六场

左页图：德比被当作囚室的澳洲猴面包树

被树囚禁的人

驱车从德比到西澳港口布鲁姆的路上，距路边4英里（约6437.38公里）的热带树林里，隐约可见澳大利亚最著名（或许是最臭名昭著）的大树之一。这是一棵澳洲猴面包树（*Adansonia gregorii*，一种分布于西澳大利亚的猴面包树）。它高大，树皮棕色，中空的球形树身曾被当作囚室。由于游客们在树身上无情地涂鸦它变得肢体残破，出于对大树的保护，人们在周围建起了木栅栏。在19世纪末20世纪初，这棵树曾被用来关押土著犯人。因为偷羊而被警察抓捕（而土著人不承认这个罪名，他们认为羊是自己的），并被锁链铐在一起的土著人，要一起走过灌木林去德比的法庭受审。在到达目的地前的最后一晚，他们会被关进树洞囚室：这是大多数澳洲游客听到的故事版本。

而土著人的故事版本略有不同。他们的父亲或祖父们被关押在树下，而非树身里。和许多古老的澳洲猴面包树一样，这棵大树也和土著人有着神圣的关联：它是土著先人的太平间。

这两个版本的传说并非不能折中。例如我们能够确认，在往东北400英里（约643.74公里）的温德姆一带，空心澳洲猴面包树在某些情况下被用作储藏间。这种超乎寻常的树一直是土著人生活的核心，在荒僻的澳大利亚内陆大约600英里（约965.6公里）范围内，生长着成千上万棵澳洲猴面包树。没人知道这些树的年龄，更无人知晓它们的亲戚——那些非洲和马达加斯加澳洲猴面包树的岁数。但最老的树至少已活了一千年。有些树围达80英寸（约2.03米）的巨大的澳洲猴面包树，它们用中空的大树洞庇护了一代代的土著居民。也正是这种树，被人们当作储藏间、棚屋、大厅、教堂，或许还有囚室。

回到德比，我又去参观了一棵令人愉悦的澳洲猴面包树，人们称之为“餐厅树”（它和用餐有关）。为了把牛羊出口到珀斯或更远的地方，贩卖牲口的商人们当年要经过这里前往南边的国王之声港口，途中他们把牛羊赶进围栏，然后在这棵大树下歇脚吃饭。我坐在浓密的树荫下，吃着我的火腿三明治，头顶上方的澳洲猴面包树开满了芳香洁白的花朵，飞来飞去的蛾子正忙着授粉。

被当作餐厅的澳洲猴面包树

寄居

啊，你在为黎巴嫩叹息吗？

在漫长的微风中，流向宜人的东方。

为黎巴嫩叹息，

深色的雪松，尽管你的树枝伸长

在一片美丽的牧草地上

放眼南方，被给予

蜂蜜般的雨水及柔和的空气

——艾尔弗雷德·丁尼生，《莫德》

左页图：生长在新西兰罗托鲁阿的红杉，尽管只有100岁，个头好似冲天的火箭

罗托鲁阿冲天的北美红杉

令我感到异样的是，在新西兰罗托鲁阿的一个5公顷的公园内，一棵外来的北美红杉（*Sequoia sempervirens*）以咄咄身姿和长势与当地蕨类，还有新西兰特有的黑白两色的簇胸吸蜜鸟共同生活着。这些早熟的北美红杉窜得像豆秸一样快，长得比在家乡快一倍。1901年种下的树，到1980年时已高达200英尺（约60.96米）。当年政府有块空闲的土地，于是选了两个外国树种进行栽培实验，一个是北美红杉，一个是欧洲落叶松。人们对前者完全没有把握，更看好后者。不料，押宝的树种被淘汰，纯属碰运气的北美红杉却令人大喜过望。

似乎美国太平洋沿岸的树种在新西兰北岛都非常适应，用当地人的话说就是：简直如鱼得水。而新西兰本地的贝壳杉和罗汉松在这些外来的竞争者面前也只好甘拜下风。尤其是来自加利福尼亚的两种树木——辐射松和大果柏木，在新西兰多风的平原地带占据了主导地位。而令人不解的是，这些树在其故乡的太平洋边被大风折磨得最惨。

即使与新西兰本地树木的生长的速度相比，罗托鲁阿一带北美红杉的长势之快也是异乎寻常的。一片森林80年就长高200英尺（约60.96米），在欧洲栽培外来树种的森林从未生长得如此迅速。当然，欧洲本地树种就是用上一千年也长不了这么多。罗托鲁阿的生长奇迹有什么原因吗？各位读者必须自己去深究，但我听过这样一种解释：罗托鲁阿以其水中富含矿物质和遍地温泉而著称，这些吸收了富含矿物质水的北美红杉就像服用激素类兴奋剂的运动员一般。那些当地的小不点儿簇胸吸蜜鸟一定不知道这些。

不过还有一个困惑，新西兰这些野心勃勃的外来户是否有一天会取代那些生长在加利福尼亚靠海森林里的祖先们，而成为全球最高的大树呢？辐射松和大果柏木确实已超过了自己的祖先，不过那是由于它们故乡的祖先们一直长不了太高的缘故。然而加利福尼亚的北美红杉生长在近海的深山谷地，那里土壤肥沃、土地松软、气候潮湿。我想，移居新西兰的这些“暴发户们”要想赶超加利福尼亚的北美红杉，还需要几百年吧。

罗托鲁阿的红杉近照，可以看出与其共生的本地蕨类也长势良好

为总督辩护的樟树

早在1707年，南非最有权势的白人就要算好望角总督威廉·范德施特尔了。一封来自他的雇主荷兰东印度公司的信令这位总督十分不快。该公司自1602年好望角殖民地建立之日起，就控制着好望角所有的荷属殖民地。这封信命令总督马上回荷兰，也就是说他不仅被解雇了，失势后还遭到了弹劾。

经过一番没有意义的“又哭又闹”，之所以这么说是因为范德施特尔常常用这个办法对付自己的敌人和朋友，他还是卷铺盖回到了荷兰，终生没有再回好望角。而他在好望角留下了好望角荷属殖民地里最大、最漂亮的一块土地。这个地方叫伐黑列亘，距好望角市区大约30分钟车程。这位被撤职的总督曾擅自私占了一半儿以上的殖民地，为自己建了一座庄园。在自己的“伊甸园”里，他过着君王般的生活，花园里有各种外国引进的动植物，包括非常珍稀的300岁老樟树（*Cinnamomum camphora*），就是右页图中的这棵树。

1996年的一个晚上，我拍下了这张照片。一位朋友自告奋勇站在柱子旁，柱子上挂着一个牌子，上面写着：奴隶钟（从前用来召唤奴隶干活和结束劳动时敲的钟）。1835年，英国人从荷兰手中夺取了好望角，并废除了奴隶制。

但这位荷兰前总督并非因为虐待非洲人而被解职的。当年偷偷写信带出殖民地并向荷兰当局告发这位范德施特尔的是“自由布尔人”，他们是移民南非的荷兰人和胡格诺派教徒。告发的罪状就是：这位总督通过给自己的代理机构批准经营权来垄断当地的肉类和酒类市场，而这是除了粮食之外最主要的两个农产品市场。

范德施特尔为自己辩护的理由是他的继任对其在位时的政绩心存嫉妒，而他一直是好望角最有想法和创造力并且最有效率的农场主，他园里的葡萄藤产出了最好的佳酿，而且园里的大树也是最珍稀的。如果各位有机会亲自去伐黑列亘走一走看一看的话，那里成排的樟树可能会让你们相信这位总督为自己所作的辩护吧。

开普敦附近，伐黑列亘的樟树

圣安东尼教堂里盛开的美国荷花玉兰

位于意大利北部帕多瓦的大教堂是为了纪念圣安东尼而建的，教堂也因此得名。这里有充满艺术气息的雕塑和静穆的墓园。但最感染我的还是一条回廊，它环绕着这棵高贵的四季常青的荷花玉兰（*Magnolia grandiflora*）。一个夏季的傍晚我给玉兰树拍照，当时渐暗的阳光从树叶背面照射过来，毛茸茸的褐锈色与树叶正面的墨绿色叠加起来，衬托着质地光润的朵朵奶油色玉兰花，树围直径接近一英尺（约0.3米）。这棵高80英尺（约24.38米），大约150岁的玉兰像一个巨人般站立在夕阳中。

这棵种在教堂庭院里的玉兰树姿态端庄，花朵之大之美超过任何其他耐寒树木。人们相信它来自美国东部和南部人烟稀少的森林和溪谷地带。欧洲人认为它之前的生长环境是与佐治亚短叶松为伴，或是曾在佛罗里达的沼泽地里与棕榈树和短吻鳄为伍。人们一直觉得这是一棵血统尊贵的树：事实上早在18世纪初期，这棵来自美国的树就已享誉四方了。它是来自大型植物园的草坪树木，而非来自沼泽地的野生树种。如今，从华盛顿到得克萨斯沿海平原的民宅里，房前屋后的草坪上不乏这种树冠呈金字塔形的大树，叶片油亮，洁白温润的花朵飘散着芬芳；从法国里维埃拉到那不勒斯的路上，同样能见到不少玉兰树。很少有哪个树种能像玉兰树一样，带着一身贵气落户寻常百姓家。

教堂庭院里这棵玉兰能给圣安东尼带来些什么呢？也许，和生于阿西西的意大利著名宗教人士圣方济各一样，他也可以借此树来领略自然之奇妙。我想，他一定会把那些洁白温润的花朵供奉在祭坛上吧。

左页图：一棵来自美国的玉兰，帕多瓦的圣安东尼教堂的庭院几乎被这棵常青树覆盖了

曾经的澳洲“化石树”来到了布萨科

1810年半岛战争时，英军正与法军激战，英军统帅威灵顿公爵命令在葡萄牙西北部的布萨科沿山体挖一条战壕。选择这里自然是出于战术考虑，而非植物学上的兴趣。战斗打响的前夜，山坡上的卡默利特修道院被威灵顿征用为司令部。在风景宜人的山坡上，修道院的僧侣们早在几年前就开始栽培外国树种，比如印度杉（实际上是一种墨西哥柏）。威灵顿打赢了这一仗，但这只是最初的胜利，最终胜利是五年后在滑铁卢战役中赢得的。布萨科的树木给威灵顿留下何种印象，我们无从知晓，我们只知道当年威灵顿出于习惯曾在一棵木犀榄上拴过战马。如今这棵饱经风霜的老树依然在顽强地迎接来自英国各地的游客们。

布萨科如今最出名的就是它的公园，以及过去300年中栽种的外国树种。1834年，修道院的僧侣被驱逐，葡萄牙国王接收了修道院。作为皇家财产，这里保留的奇珍异木一直供人参观。其中最令人惊讶的就是19世纪后期在这里种植的，来自澳洲亚热带的大叶南洋杉（*Araucaria bidwillii*）。由于葡萄牙的气候极其温和，那些格外惧怕霜冻的树种不仅能在这里轻松过冬，还能像在故乡一样生长得高大健壮。而我在布里斯班西面的莱明顿国家公园的热带雨林里看到的大叶南洋杉状况远不如这里。布萨科的大叶南洋杉长在一个微妙的环境里：这里曾是皇宫，台阶柱廊都是理查德·瓦格纳的一位布景画师为国王专门设计的。葡萄牙君主下台后，皇宫改建为一家豪华饭店，墙上的陶瓷壁画再现了当年威灵顿击败法军的场景，令人激情澎湃。我一边啃着三明治，一边欣赏大树粗壮的树干。

大叶南洋杉只是来自南半球的南洋杉科（Araucariaceae）的40个成员中的一位。最令欧洲人吃惊的就是这些异国他乡的树木钉子一样的树枝，以及宛如两栖动物鳞片一样的树叶。其中最著名的就是智利南美杉，它曾经生长在安第斯山脉高高的大山里，因此耐得住欧洲西北部的严寒。而三个与它同为南洋杉属的来自澳洲的亲戚们：大叶南洋杉、异叶南洋杉以及南洋杉，只能在欧洲气候温和的地带生长，比如葡萄牙西部地区。

但这个颇有争议的南洋杉科里还有第四位表亲，这位澳洲的毛头小伙儿一定会吸引住世人的眼光。这是凤尾杉属（*Wollemia*）里最新被发现的杰出物种凤尾杉（*Wollemia nobilis*，属名的发音在土著语中意思是：看着我）。之前，人们只见过它的化石。这多亏了公园护林员大卫·诺布尔，1994年他去悉尼附近的蓝山山脉的瓦勒迈国

布萨科的大叶南洋杉，葡萄牙曾是来自澳大利亚的智利南洋杉家族落脚的大本营，这树与身后的瓦格纳饭店看起来真是再协调不过了

家公园登山，邂逅了这种罕见树木。当时大约发现了40棵已长成的大树，大部分树木就像克隆出来的，这些树木藏身于一个很难接近的独立峡谷中，完全是一个植物意义上的世外桃源。

从这40棵大树培育出的凤尾杉树苗不久后就要上市了，但这些树苗到了英国和爱尔兰有可能不会长得很好。我在悉尼植物园见过一棵凤尾杉，为了使其免受许愿者们的伤害，树周围被安了铁笼子。如果你不喜欢大叶南洋杉，那么你也不会喜欢凤尾杉。我会尽力种一棵凤尾杉，希望用不了多久，我能在布萨科皇宫的那棵大叶南洋杉旁的凤尾杉下吃我的三明治。

圣托所奇观：朝上的膝盖

最令我诧异的是一个来自沼泽的美国生物，这棵落羽杉生长在意大利北部圣托所一个名叫维拉罗西的地方，这些毫不客气的在水里伸胳膊伸腿的大树每天与小池塘里的鸭呀鹅呀为邻。在美国东南部从弗吉尼亚到墨西哥湾，凡是温暖潮湿的地方，都能见到这种树木高昂起它们优雅的浅绿色头颅（“落羽”是指它每年落叶）。

在距离佛罗里达迈阿密几小时车程的湿地里，和教堂尖顶一样高的落羽杉像自由自在的水牛一样，遍布沼泽地中。欧洲西北部的夏天对于落羽杉来说不太舒适：不是太冷就是太干燥。而圣托所的这些落羽杉却有优势条件：泉水和温暖的夏天。旁边还有三棵差不多一样大的。除了它有棱纹的桂皮树干，落羽杉与众不同的地方还有它的呼吸根。植物学家在很长一段时间中都没有搞懂为什么成年落羽杉在良好的生长环境中，树干周围就会长出许多小尖塔似的突起。这些突起是做什么用的呢？真难以想象。终于，植物学家们认识到，落羽杉靠近根部的树干，有一部分或全部都是没在水下的，这些突起是一种装置，能够把空气带到树根。（一旦树长到一定高度，就能在水里存活。）简言之，突起就是落羽杉天然的浮潜换气管。这些突起有个普通的名字：膝盖，不过用这个词来给那些离奇的附属物来命名，似乎并不形象。

左图、右页图：来自美国的落羽杉们在意大利北部的圣托所竖起了“膝盖”，这是它们生长良好的样子

爱人与舞者

皮耶利亚的水青冈听到音乐流过

离开了它们的山，去到下方的山谷。

在那里聆听囚徒悦耳的笔迹

绿色的纪念碑矗立着，排列有序。

——阿波罗尼奥斯·罗迪乌斯（公元前3世纪）

《水青冈来听奥菲斯的音乐》

左页图：马达加斯加图利亚拉的猴面包树，好似一对亲密无间的伙伴儿，或者更像两条象腿？

吻我，我是猴面包树

1897年，马达加斯加成为法属殖民地后，在法国人的推动下，当地的植物资源得到了充分开发。在那里人们惊喜地发现了六种猴面包树，而全世界其他地方一共也不过才发现了两种。这六种猴面包树富于变化，它们分别是：亮叶猴面包树（*Adansonia za*）、大猴面包树（*A. grandidieri*）、红皮猴面包树（*A. rubrostipa*）、多叶猴面包树（*A. perrieri*）、灰岩猴面包树（*A. suarezensis*）、红花猴面包树（*A. madagascariensis*）。马达加斯加猴面包树的基本形状则不外乎：罐子形、瓶子形、茶壶形、烛台形和烟囱形。

在本书第五章《岌岌可危》中，有一些样貌平平的树，但这里我选了两个外形更夸张的。第一个是如恋人般缠绕的，树干紧挨在一起的猴面包树，被称作多情树。专家们认为这是亮叶猴面包树里最浪漫的一对。第二对看起来有点像猴面包树，但它们和猴面包树属于不同的科属，是夹竹桃科棒锤树属的亚阿相界（*Pachypodium geayi*），又叫狼牙棒，不过这个名字有点不太适合幸福的恋人们。

从植物学角度依然无法解释的是，马达加斯加土地贫瘠，面积不大，长800英里（约1287.48公里），宽200英里（约321.87公里），可是这里的猴面包树种类却比非洲大陆和澳洲大陆加起来的总和还要多两倍。古植物学家给出了几种解释，但始终没能达成共识。多数解释源自冈瓦纳古陆学说，大约在一亿年以前，整个南半球的陆地都是连在一起的，称为南半球超级大陆。今天各自独立的南美大陆、非洲大陆、印度和澳大拉西亚当年只是南半球超级大陆，即冈瓦纳古陆的一部分。我们如今见到的树木和植物的祖先最早就是在这块巨型大陆上繁衍生息的。根据大陆漂移说理论，五千万年前，马达加斯加所在的板块从非洲大陆分离出去，而刚好这一小块陆地上的猴面包树种类最多。只有猴面包树（*A.digitata*）留在了非洲大陆，而澳洲猴面包树（*A.gregorii*）跟着澳洲大陆漂走了。

但为何冈瓦纳古陆漂移出去的其他部分都没有猴面包树呢？尤其是印度平原，那里干燥炎热的气候是最适宜猴面包树生长的。为了解释这一点，一些植物学家推测：澳大利亚的猴面包树并不是五千万年前和澳洲大陆板块一同漂过来的。这些藏在坚果里的猴面包树的种子是很久之后从马达加斯加漂过来的。这个推论看起来有些不靠谱：一个坚果居然能漂洋过海，到远在半个地球外的地方生根发芽繁衍下去？但坚果确实在经过长时间的海上漂流后仍能繁育后代。最有说服力的就是一种名叫海椰子的棕榈树，这是塞舌尔群岛特有的树种，人们发现海椰子的果实能在毫无人力帮助的情况下，漂到几千公里外的陆地上发芽生长。没错，海椰子的果实是世界上最大的果实，重达40磅（约18.14千克），具备航海所需的条件。（另外，海椰子的形状可不太含蓄，会让女人脸红男人心跳。）照此理论，马达加斯加的猴面包树应该会随海水漂到澳洲西北部去的。如果是这样，猴面包树的果实当初是和一些勇敢的移民们一起漂过的印度洋，这些开拓者之一就是早已灭绝的象鸟，最近人们在澳洲沙丘里发现了它们巨大的鸟蛋化石。

生长在马达加斯加港口穆龙达瓦的一棵缠绵多情的猴面包树

巴伐利亚格雷茨塔特的跳舞树，第一层树杈是乐队待的地方，跳舞的人们围在树下

那时乐队在树上演奏

1664年约翰·伊夫林出版了他的名著《森林志》，当时欧洲西部的城市、村镇的中心区都很流行种植（或天然生长着）古老的欧洲椴。在书中，伊夫林提到了几个较有名的地区，德国的诺依施塔特、瑞士的苏黎世以及低地国家的克利夫斯（我想第三个地方的椴树可能就像第129页那幅17世纪的版画中描绘的样子）所有这些古老的树木都被修剪成一定的样式，周围还有木头或石头柱子围成的护栏。

而伊夫林在书里没有提到，或者也许是他并不了解，在欧洲大陆，树木被修剪成特定样式才会被人们当作跳舞树，也叫跳舞的椴树。在特殊场合，这种树往往会成为节日的中心。修剪和装饰树木并围着树跳舞的习俗可追溯到异教徒们狂热崇拜神灵的年代。5月，人们要为各种荣誉举行庆典，最重要的是要竖起五月柱，就是把一棵树砍下来立在村里的草坪上，或把一棵大树郑重装饰一番。18世纪90年代，大树被法国大革命时期的民众当作自由之树，和断头台一起矗立在市镇中心。

这些跳舞树，即跳舞的椴树更加古老和温和。它们中的大部分都已不复存在，不是自己倒了就是因为要设立更多停车位和道路修建被砍伐了。但在巴伐利亚一些宁静的小镇和村庄里，还有少量的椴树。照片里这棵是在德国古城班堡西面的格雷茨塔特拍到的。标牌上写着这是一棵1590年的阶梯椴树（所谓阶梯椴树，即被修剪得如宝塔般层次分明的椴树）。然而，牌子上指的应该是另一棵年龄更大的树。照片里这棵我猜测大约只有150岁，一共被修剪出7层，看上去蓬勃招展。这些树冠分层，靠下的部分还有些实际用途，上面就只是装饰了。以前每到五月节，镇上未婚的青年男女们会围着大树载歌载舞，树周围还有用木桩拉起的八边形围栏保护着。最下面的树杈间会搭起木台子，村里的乐队就在台子上为树下跳舞的人们整晚演奏。天知道乐队上方的树杈里又会藏着什么人，或藏那儿干什么。这就是过去格雷茨塔特的节日情景。哎，可怜的跳舞树。如今，镇上那些被修得一丝不苟的椴树都是消防队的作品，而年轻人只会去迪斯科舞厅释放能量了。

蛇与梯子

人类最初的违反天命和偷尝禁果

给世界带了死亡和所有的灾难

——米尔顿，《失乐园》

左页图：能住人的树，托马斯·贝恩斯绘制，参照了罗伯特·莫法特1829年在南非的素描

住在树上的村子

1829年，在开普敦以北1000英里（约1609公里），著名的英国传教士罗伯特·莫法特（他女儿嫁给了大卫·利文斯通）正沿着南非沙漠里的一条小路徒步跋涉穿越灌丛。当时的南非还是个半开化的国家，著名的大迁徙是几年以后的事情了，布尔人长途跋涉来到这里，经过一番开拓终建立了德兰士瓦共和国。在今天的勒斯滕堡镇以西几公里的地方，莫法特徒步旅行时曾被一棵美丽的大树吸引，这是一棵榕属的大树，顺着大树往远看，前方是一片林木葱郁的山谷。莫法特在日记中很正式地记述了当时所见：

“当时树下站着几个雇工，茂密树叶间露出几个小木屋的尖顶。我走近了发现树上住着几家当地巴克内族的土著人。我踩着树干上凿出的小坑爬上大树，吃惊地发现树上至少有17个空中小屋，还有3个正在搭建。最高的小屋距地面30英尺（约9.14米），我进去坐下，发现屋里仅有的物品就是铺在地板上的干草、一根长矛、一把勺子和一个装满蚂蚱的碗。我问坐在门边的一个怀抱幼儿的妇女，能不能吃这碗蚂蚱。她很开心地应允了，然后又端来一碗磨成粉的蚂蚱。还有几位妇女踩着树枝，从其他树上的木屋里过来看我这个令她们非常好奇的陌生人，就像这棵大树令我感到无比好奇一样。采用这样的建筑方式主要是为了防范这个国家四处出没的狮子。”

根据莫法特的素描，画家托马斯·贝恩斯创作了一幅画描绘了这一场景：一棵被狮子围着的榕树上，搭起了17个小木屋。尽管这样的情况很难令人相信，可是传教士的话怎么会有假呢？问题是这棵榕树还在吗？历史学家和植物学家四处奔波，所获空空。然而1967年的一天，南非植物学家科比在一个农场里偶然发现了一棵巨大古老的榕树，而地点就在莫法特当年徒步路线的附近。

对他来说，树的一切特征都符合记载：地点、树龄、体量，而且据说来到这里的第一个白人农场主也听当地人讲过，人们记得莫法特爬过这棵树。

1999年我亲自去布尔丰坦找过这棵树。这棵树非常巨大，而且还仍生长，有7根树枝垂到了地面，扎下了新的根。树荫覆盖面积大约有120平方英尺（约11.15平方米）。但树枝上真的曾有17个小木屋吗？或许有过吧。在布尔战争期间，几个德国农场主曾携家人住在树上，以躲避厮杀的英国人和布尔人。现在，树上只有一个木屋，或说是当年木屋的一个遗迹。

我的一位朋友冒险踩着树干上的小坑爬了上去。她对蜜蜂过敏，而树上满是蜜蜂。小木屋里什么都没有，什么长矛、勺子或装蚂蚱的碗，毫无踪影。我们发现这个小屋其实是才废弃不久的，小木屋的前主人是电视公司的摄影师罗宾森·克鲁索。

右页图：当今可居住的大树，位于布尔丰坦农场

法国的披头士们

韦尔济距法国东北部的兰斯有10英里（约16.1公里），置身于那里的深山老林感受非同一般。山下是密林掩映着的葡萄园，人们世代忙碌，生产出了著名的凯歌皇牌香槟等系列美酒，从此香槟成为富裕和成功的象征。阳光下3月的葡萄藤还没长出新叶子，山下被修剪的葡萄园组成一幅幅整齐的图案。而山上的森林一派天然，犹如教堂般静谧。据说，以前这里曾经就是教堂。

然而，为何这里的水青冈却大多长得毫无规则，树枝盘绕曲折，比葡萄藤还复杂呢？这些发丝般下垂的树枝，蓬乱无比，完全超出了园丁们的想象，令人目瞪口呆。

自17世纪开始，人们就困惑于这种发生在水青冈、栎树和松柏身上的畸变现象，即树枝纷乱，宛如披头散发。水青冈在古法语中被称为fau，这个词源于拉丁语中的*Fagus*（水青冈属）。韦尔济的水青冈集中生长在山顶的密林里，那曾是一个以宗教闻名的圣地。这里住过两位隐士，一个叫圣巴斯勒，让洛林地区的土著人皈依了他的教派；另一个叫圣雷米，他使兰斯地区成为法国的宗教中心。自公元7世纪后的一千多年里，整个森林都归属于圣巴斯勒修道院。后来，法国大革命时期，大量建修道院的石材被卖掉了，拆毁的修道院最终也被荒草埋没。然而疑问一直没有散去：水青冈的畸变现象始终没有找到答案。

2002年早春的一天，我到了那里，这里生长着一片高大笔直，令法国森林学家无比骄傲的水青冈，就在这片树林里，我看到了十来棵畸变的水青冈。数来数去，这些纷乱的枝条足有八百多条。专家说这是欧洲水青冈基因突变的结果。在这些发生突变的水青冈中能够靠种子繁衍的那一小部分并没有恢复正常。而它们中的大多数则是通过压条繁殖的。专家很确定这些水青冈的存在纯属自然现象，而不是圣巴斯勒和当年的僧侣们种植的。但他们也承认，这是一个科学之谜：为什么偏偏发生在韦尔济地区修道院的花园里，且规模不小。在其他地方，比如德国汉诺威附近、瑞典南部的马尔默，畸变的规模就十分有限，那里的“野生披头士”水青冈很可能正在消亡。而在韦尔济，这些怪物们似乎要独揽天下。

我知道自己有些危言耸听了。但我认为或许应该想到山脚下葡萄园所面临的威胁。至少，我们能做的就是，不妨多存上几瓶这里出产的极其著名的凯歌皇牌香槟。

上图、右页图：法国东南部韦尔济的“披头水青冈”，这难道是僧人惹的祸？

天使降临的地方

接近南卡罗来纳州约翰岛时，我想起了黑人反抗诗中的句子："嘿，上帝，你的权利呢？"约翰岛是一块平坦的洼地，充满不规则沼泽和潮沟[1]。但这里的森林里生长着枫香、松树和少量珍贵的弗吉尼亚栎（*Quercus virginiana*）。这些树干上挂着苔藓的巨大的弗吉尼亚栎多见于美国东部和南部沿海地带。这里虽然距查尔斯顿只有半小时车程，但和到处白墙红砖的市镇街巷相比，仿佛两个世界。

至少两个世纪以来，约翰岛上一直以黑人居多。最早的黑人是来自非洲的奴隶，他们被运到棉花庄园充当贫苦雇工和奴仆。我去看了那棵巨大的树枝弯弯曲曲的天使栎树，它比这里的庄园主和黑奴还要老一百多岁。天使栎树这个名字来得毫无新意，一个名叫安格尔（Angle）的法官娶了当地一个女继承人，女方财产就都转移到了安格尔家族名下。但"Angle"（天使）这个树名对于黑奴以及他们的后代来说，再合适不过了。因为大树崇拜是黑人的宗教传统，他们认为那些蟒蛇般的树枝代表被害奴隶的魂灵。一位来自岛上的黑人老师描述说，当地人宣称天使会在栎树周围以鬼魂的方式出现：蓄奴时代在树下被杀的奴隶，会在人们的呼唤中显露魂灵，人们认为是天使帮助魂灵回到了这里。

尽管这段历史听起来非常阴森恐怖，但如今树下已经变成了乐园。尤其是4月里，当阳光透过满树幼小半透明的椭圆形新叶洒落下来的时候。我没有在头上的大树里捕捉到天使的痕迹，但我看到了天使在人间的化身：一只白头海雕，眼神恰似美国硬币上的那只白头海雕一样犀利。小老鼠和松鼠们组成了一个可供它纵横的天堂。

右图：南卡罗来纳州约翰岛上的天使栎树，据说在它四周徘徊着当年被残害的奴隶的魂灵

1　编注：潮滩上由潮流侵蚀作用形成的沟谷。

向下生长的大树

铁心木的种子个头不大，且看上去并无敌意。当鸟儿吃下树种后飞到另一棵树上栖息，铁心木的树种经过鸟的消化道，被排出后在树杈间生根发芽。于是铁心木树种开始在树杈上生长。它的根向下延伸，慢慢覆盖了那棵慨然允许它栖身的可怜的大树。200年或更长时间之后，这棵被寄居的扼杀者包裹着的大树就完全消失了。这简直是卑鄙的谋杀！然后，犹如一条饱餐后放松的巨蟒，铁心木完全一副若无其事的样子，看起来和一棵普通的树并没有什么两样。

右图是新西兰北岛布希公园里的一棵铁心木（*Metrosideros robusta*），也是迄今发现的最大的铁心木之一。你能想象吗，树洞和被它吞掉的那棵树一样大。而那些看上去普通的树根其实并不一般，它们不是从地上长出来向上，而是自上而下地覆盖了被寄居的大树。

但也不是所有铁心木都是吃树的恶魔。在北岛和南岛的森林边缘，零星生长着一些春天开放着猩红色花朵的铁心木，它们生根发芽的方式比较体面。路过阿尔卑斯山南部时，我采集了一些树种并带回爱尔兰，种在了我的花园里。不过这些来自高纬度地区的树种在爱尔兰的寒冷气候里很可能难以生长。

如果你有机会到我花园来（这里对参观者开放），请一定留心看看有没有来自新西兰的扼杀者。

右图：新西兰布希公园里的铁心木，曾吞没了一棵供它栖身的大树，而今一派轻松自如

右页图：铁心木的局部特写

请相信，我是一条巨蟒

生长在热带的巨大的榕树用它硕大、油亮的鸡蛋形树叶欢迎人们的到来。但要小心，和铁心木一样，它们中许多都是心怀叵测的吃树魔头。尽管种子不大，但它的紫色果实和地中海的榕树一样，都是鸟类的最爱。它的树种也会借助鸟嘴，落在那些因放松警惕而最终殒命的大树的树杈上。

但有些榕树的谋生手段会稍稍善良一些。来自澳大利亚东部的澳洲大叶榕（*Ficus macrophylla*）就是一位地道的正人君子。它们通常从土里发芽，长得很高，据说最高可达180英尺（约54.86米）。一天，在植物园的大草坪上，我看见一群穿校服的女生坐在一棵大树的树杈上。那些树杈比我在欧洲见到的水青冈或栎树的树杈都要大。遗憾的是，我还没来得及拍照，女孩子们全都飞快地跑开了。

不过，我拍下了这棵葡萄牙北部科英布拉植物园里的澳洲大叶榕，茂密的枝叶毫无顾忌地覆盖着植物园里的台阶。这个不可思议的公园位于布萨科以南10英里（约16.1公里），我曾在这里发现了大叶南洋杉。到处都是“友善的巨蟒”，但我坐在缠绕纷乱的树枝间，毫不担心自己安全。不过有句话得提醒各位，澳洲大叶榕对孩子来说相当安全（那些坐在大树杈上的悉尼的女生们已经证明了），但不幸的是，石头台阶却是大树偏爱的美食。科英布拉，还是要小心一点哦。

右图：葡萄牙科英布拉的澳洲大叶榕，不幸的是它口味独特

花园里的两条巨蛇

位于斯里兰卡康提植物园里的垂叶榕（*Ficus benjamina*），和第148 ～ 149页中的这棵无名的榕树形成鲜明对比。它们二者都是伊甸园里毒蛇的化身。无名榕树除了极为绞绕错综的树根，并无突出之处。而垂叶榕则是整个植物园里最有名的。它下垂的枝条形成了一个巨大的圆顶，好像一把遮阴的大伞，能造福树下的好几家人。

在非洲，管这样的大树叫聊天树，村里重要的人在树下议事，神职人员手拿念珠盘坐在树下，孩子们则在此戏耍。在苏丹南部尼罗河边，我就看见过这样一棵巨大的榕树。这棵树还被称作戈登树，当年的行政官查尔斯·戈登曾坐在树荫下，人们在查尔斯·戈登去世后120年，才命名了这种树。

垂叶榕从树枝上垂下了许多气生根。这不禁令人觉得，它要么就是作为一个绞杀者从树上向下生长的，要么就是像一棵花园里的小树一样，是被种植的——尽管从本质上来讲，它还是一个绞杀者。我不知道哪个才是事实，但垂叶榕看上去不那么亢奋和具有侵略性。而它那精力充沛的表亲——孟加拉榕（*F. benghalensis*），可就不好说了。在加尔各答的维多利亚花园旁边的植物园里，就有一个很著名的例子。一棵孟加拉榕的枝条空降树根的速度如此惊人，整棵树慢慢变成了一个森林，每一条被扶臂支撑的沉重的树根都长成了一棵新的孟加拉榕。一百年前，树荫下的草坪还是30码（约27.43米）宽，现在已有300码（约274.32米）了。我想即使维多利亚女王也得准许这棵大树企图建立一个王朝的野心吧。毕竟，女王自己的四十多个子孙，大多数都成了国王或女王。

右图：斯里兰卡，康提植物园里的垂叶榕，在非洲叫聊天树

14

一棵无名榕树伸展着它四处蔓延的根须，
位于斯里兰卡康提植物园

幽灵

我向前伸出手

从一棵荆棘树上折下一条树枝

大树痛苦地问：你为什么折断我的四肢？

昏暗的四周弥漫着血腥味

接着又传来一句悲伤的诘问：你为什么要折断我的骨头？

而你的心里丝毫也没有同情

——但丁，《神曲》第七幕，地狱篇

左页图：位于华盛顿州奎纳尔特的一棵花旗松树桩，这棵多年前被砍伐的花旗松已经成为一棵年轻的异叶铁杉的承载者

令英雄失望的找寻

2001年12月阴沉的一天，我行驶在华盛顿州西雅图西面的高速路上，这是奥林匹克山紧挨太平洋的那边。当时我一心要找到并拍摄这里著名的花旗松。

很多人都认为道格拉斯是最棒的植物标本采集者。他最初只是苏格兰的斯昆堡一个地位卑微的园丁，35岁就在夏威夷因遇难去世了；当时他不幸掉入公牛坑，被牛角顶死了。但在短暂的岁月里，道格拉斯不断穿梭于西北部深处尚未开发的森林地带，向世人展示了许多新发现的树木和其他植物，包括巨云杉和花旗松，后者正是用他的名字命名的。[1]

全球最大的五棵花旗松集中生长在奎纳尔特湖旁边的原始林里。年初的时候，我的朋友，著名的巨型树木采集者鲍勃·范佩尔特，就在湖的北岸指给我看了。

结果我一无所获。这些神奇的花旗松当年居然奇迹般逃脱了伐木工的斧头，还站在那里，而其他更大的树木都被伐光了。但是，和更南端海岸的北美红杉一样，摄影师们一直对这些树敬而远之。原因是，花旗松浅棕色的树干木质松软，像工厂又高又粗的烟囱一样从蕨类植物里冒出来，然后树干又很快隐没在新绿的树叶间，最高的部分远远超过相机的取景范围。

虽然没拍到整棵大树，但我拍到了一个树桩（见第150页图）。这曾经是一棵花旗松。据推测，伐木工来过之后，人们才意识到这片原始森林应该得到保护。树身上依然可见当年砍伐的痕迹：人们先在树身上凿出缝隙，然后插进一个木板，这样拿着斧头的工人就能站在木板上作业。树桩上这些丑陋的伤痕历历在目，好像是幸灾乐祸的眼神。但雨林中没有任何东西会白白留在那里，总能派上用场。异叶铁杉（*Tsuga heterophylla*）开始遍地播种，它们比花旗松更能耐受阴暗的环境。现在，一棵长大的异叶铁杉横跨在树桩上，韧带一样的根须覆盖了下面的树桩。这里还生长着巨大诡异的大叶枫（*Acer macrophyllum*），布满苔藓的树身向下低垂着。

徒劳而归势必让我心中的那位英雄失望了。这个想法，以及那些树桩，实在令人打不起精神。也许道格拉斯当年在搜寻时意外身亡不失为一种幸运。不过如果他能看到数百万棵以他的名字命名的树在西北欧的森林里被栽培成主体树种，该有多骄傲呢。而他最不愿看到的大概就是原始林中珍贵的花旗松消失于利斧之下了吧。

右页图：华盛顿州霍伊峡谷，一棵吞没了整个树桩的异叶铁杉

1 编注：花旗松英文名为 Douglas fir。

左图、右页图：华盛顿州霍伊峡谷，一棵形象诡异的大叶枫，身上挂满蛛网状的黄色苔藓。苔藓对枫树有用：苔藓会腐烂，然后给树根提供养分

当摩西跟随约书亚

1848年，一群全副武装的摩门教徒在足智多谋的布里格姆·扬的带领下，从密西西比河向西进发，决心摆脱美国的统治，建立自己的国家。按照当年的描述，布里格姆·扬虽然有摩西一般的执行力，却完全没有拿破仑的直觉。当他们横穿长满带刺的小叶丝兰的盐湖沙漠时，供给短缺引起了军心动摇，但不安很快就被稳住了。镇定自若的布里格姆·扬指着丝兰那弯曲手臂一般的树枝说："看那儿，约书亚（Joshua）正欢迎我们来到希望之乡。"

当然，扬和那些摩门教徒最终到达了他们向往的富裕之乡，并建立了犹他州。尽管后来几年里，他们失望地意识到挣脱美国管辖的努力终将失败。被重新划归美国是因为该地区的前拥有者墨西哥于1849年将它割让给了美国。但扬一向我行我素，经常使用武力。一些摩门教徒曾残忍地射杀了120名男人、女人和孩子，而放过了那些幼儿，当时这些来自阿肯萨斯的人们正试图前往加利福尼亚。扬推卸了责任。他后来一直担任美国的州长，拥护和实施一夫多妻，并极力为之辩护。1877年他死的时候留下23位妻妾和200万美元的银行存款。

Joshua Tree（中文名为小叶丝兰）这个名字从此沿用下来。这张照片是在加利福尼亚东南部的丝兰国家公园拍的，这棵小叶丝兰离那棵栎树不远（见第140～141页图）。丝兰比栎树更能适应那里如月球表面一样的荒漠地带，以及锅炉房一样的气候。严格来讲，丝兰和蕨类以及棕榈一样，不能算树木，因为它们没有年轮圈。大自然使它们仅依靠木髓树干和弯曲的树枝里存储的水分就可以存活。这种树能长到40英尺（约12.19米）高，最大的一棵树围高达15英尺（约4.57米）。据说它们还能适应大约4英寸（约10厘米）的年降水量。我不能说它们是美丽的树，但据说春雨（如果春天不干旱）能让它们在一到两周的时间里将剑拔弩张的神态完全松弛，彻底成为一个开满黄色花朵的花园。

因为好几周都没下雨了，所以照片上这棵树显得有点儿不那么养眼。然后我忽然想到：Joshua Tree这名字真的恰当吗？它可是意味着欢迎我们来到希望之乡。难道当年的历史伟人在恶搞吗？不，应该不会。扬或许像摩西和拿破仑，但幽默并非他的长项。

右页图：加利福尼亚丝兰国家公园里的一棵小叶丝兰，摩门教徒称弯曲的树枝是大树在向人们张开欢迎的手臂

马达加斯加一个带有宗教色彩的树林，活人就是在这里被拿来祭天的，整个树林都由一棵榕树繁衍而成

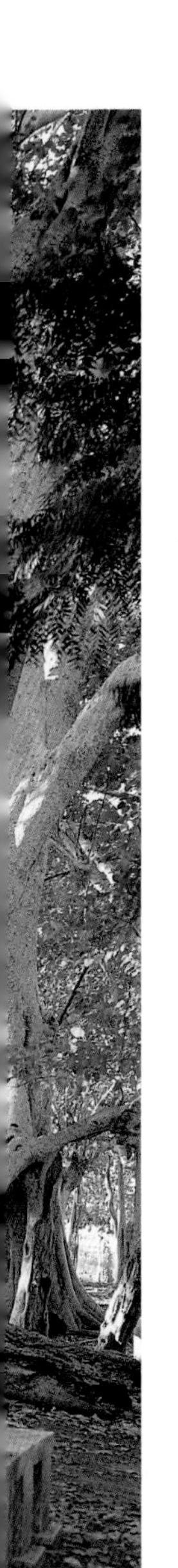

长眠在榕树下的姑娘

朋友建议，马达加斯加西南的图里亚拉镇周边有两个地方值得徒步造访，这两个地方极具历史和宗教意义。

第一处就是国王巴巴的墓葬，巴巴曾是19世纪当地马奇鲁鲁部落的首领。听说当年这些部落首领思想很新颖，他们希望自己的后人们能获得英国皇室的加封。英国航海者为了肉类和水果来此地贸易，当地首领从他们口中听闻了其他一些受封家族的荣耀和显赫。但这个国王墓葬没有一点儿温莎或奥斯本的气派，不过是一堆石头上的一个瓮和一口断裂了的大钟。墓地附近的有一棵章鱼树（这是当地特有的野生物种之一），虽然本地特有的野生植物群种类繁多不计其数，但马达加斯加植物群的消失还是令植物学家忧心忡忡。这是众多当地特有野生物种之一，植物学家们正想尽办法要拯救马达加斯加即将消失的植物群。这棵章鱼树微醺般向游人晃动着枝条，枝条上布满巨大的灰色棘刺，这些棘刺在雨季时会因为生长而变成绿色。

第二个要看的地方就是带有宗教色彩的榕树林，朋友说那里最适合躲清净。我到达那里时离日落还有半小时，正如照片里呈现的，当时的气氛非常独特。树林的入口已经关闭了，我得按要求脱掉凉鞋才能进去。那里面有一些给朝拜者修的水泥座位，但所供奉的何人或所为何事却没人知晓。可以推测，这片小树林发源于一棵榕树，它通过气生根不断地加倍扩充，才有了现在的规模。许多树枝间都已经分离了，有些因为腐烂得厉害，与其说是木头不如说更像尸骨。这样的骷髅森林，日落后实在不宜逗留。

回到旅馆后，我听到了更多关于这个树林的传说。两百多年前，在早期的巴巴王时代，这里发生的旱灾（又或许是洪灾），威胁到王国的存在。为了祈求神灵的欢心，当地祭司建议用一个年轻女子来祭天。那个姑娘被活埋了，后来她的身体就长成了一棵榕树，就是今天万物有灵论者朝拜的这棵榕树。

值得庆幸的是，我是回到旅馆后才听到了这个令人毛骨悚然的故事。

风景秀丽的墓园

你如今躺在这里，我亲爱的老卡里亚客人

一把灰白的骨殖，很久很久前就已安息[1]

如果你想像上面这首歌里的赫拉克里特一样，为自己百年后找一处风水宝地，那不妨考虑一下位于土耳其西南角的风景宜人的凯科瓦。以前这里曾是希腊人进行橄榄贸易的特里斯托莫港。这里设施便利，有抵御海盗的中世纪城堡、雅典卫城、上演希腊悲剧的剧场，以及奢华的墓葬群。其中风景最好的就是墓园了：它北边是利西亚山脉，春季也能看见山顶的皑皑白雪；南边浮现的木犀榄衬托出孤寂的爱琴海。

这些希腊风格的墓葬都刻着希腊文警示，不欢迎盗墓者接近，但两千年前的警告并不奏效。许多墓葬都被挖掘和盗抢，尸骸被损毁和随意丢弃，石棺从此成了一具具空壳。

木犀榄真是墓园的绝配，它所烘托的祥和气氛令人感受着不朽和永恒。木犀榄闪亮的绿叶代表生命的复苏，而果实代表愉快充实的衰老：只有它将生命的两极紧密结合在一起。经过六七百年的岁月侵蚀，木犀榄的树干不仅开始弯曲，而且树身也慢慢像漏勺一样布满洞眼。尽管最终将死亡、被风吹倒，或是被闯入者砍倒，但新的木犀榄依然会从老树根里冒出来。我们人类要能像木犀榄一样顽强该有多好啊！

诗歌里的赫拉克里特住在卡里亚，他沿着神奇的海岸一路向西，最终找到了不朽和永恒。正如诗歌结尾所说：

你悦耳的声音依然如旧，夜莺醒来了

死神虽然夺走了一切，但这些夜莺的歌唱永远也夺不走

如果我的骨灰也洒在凯科瓦，我希望自己也能变成夜莺，在木犀榄上放声歌唱。

1　译注：这两句摘自查尔斯·维利尔斯·斯坦福的歌曲《赫拉克里特》，描写的是当希腊哲学家赫拉克里特死讯传来时，人们内心的伤痛。

土耳其凯科瓦和利西亚墓园里的古老的木犀榄

华盛顿州的红宝石海滩，海岸边生长着巨云杉，放眼望去，海滩上四散着一些伐木者抛下的早已褪色的枯树干

第五章

岌岌可危

砍伐者总能得逞吗？

我想我从未见过一个矗立的广告牌，

会像一棵矗立的大树那样可爱，

然而，除非广告牌也被砍伐，

我再也看不到一棵树了。

——奥格登·纳什，《大路朝天》

左页图：澳大利亚王桉和树生蕨类，生长在维多利亚黑色支线上一个有七十多年历史的植物园里

从桉树到灰烬

砍伐者总能得逞吗？在北美以外的地区，答案大致是肯定的。而在北美地区，针锋相对的伐木者和环保者势均力敌，各有输赢。

先从澳大利亚说起吧。王桉不仅长得最高而且最适合做木材，一度成为维多利亚和塔斯马尼亚地区森林里最主要的树种。一些超过350英尺（约106.68米）——或许接近400英尺（约121.92米）——的巨型王桉曾遍布从墨尔本北部的亚拉河谷直到塔斯马尼亚斯蒂克斯河的整个地区。王桉被大量砍伐主要有三个原因：首先，伐木者用它制作物美价廉的屋顶板；此外，澳大利亚的纳税人可以从木材交易中获利（木材是国有资产）；以及，牧羊的农场主们也需要木材做篱笆。

一个世纪之前，从墨尔本驱车大约40英里（约64.37公里）还能看到幸存的顶级巨型王桉。比如“米勒树”，这是以古怪的植物学家巴伦·冯·米勒的名字命名的，他在维多利亚工作了将近20年。照片是1930年拍的，在树干一米多高的地方树围达到了70多英尺（约21.34米）。还有一些树树围甚至更大。有一个叫宝嘉的树桩，曾经拥有接近100英尺的（约30.48米）树围，堪比世人所知的位于加利福尼亚的一棵树围最大的红杉。可惜这些树王已经消失了，大多毁于森林大火，而且后继无人。今天，但凡能有米勒树树围一半的王桉都被看作森林巨人，树高都不足300英尺（约91.44米）。

为什么王桉的毁灭如此彻底？和其他巨型树木相比，桉树生长极快而寿命相对不长，一棵500年的桉树就已经极其高寿了。富含油脂的木质使其难逃因夏季干燥而引发的自然灾害——森林大火。还有就是天敌：那些闯入的砍伐者、农场主，还有各种对它虎视眈眈的澳大利亚白种人。而且，原始森林的范围在不断缩减，使火灾频率不断上升。在面积不大的保护区内，这些树王级别的桉树很难绵延下去。

本书第164页上的这张照片，是维多利亚黑色支线植物园里的一棵70岁的王桉。这片幸存的森林多亏墨尔本水利局的保护才没毁于砍伐者和农场主手中。一些老树毁于一场火灾，后来长成的树有的是靠树种自己发芽，有的则是靠人工种植的。这些树都已超过了150英尺（约45.72米），和森林里的树生蕨类相映成趣。

右页中这张图片是一棵成年王桉，树围不到30英尺（约9.14米），它安全地生长在黑色支线植物园往东30英里（约48.28公里）的保护区内。如果不算附近另一棵位居第二的老树，它是保护区里唯一的老前辈。一场大火吞没了它的所有同伴。一百年前，不会有人想多看它们一眼。而如今那些知道“米勒树”的老人们的孙辈后人会来到此地，在大火后的遗迹面前凝望，仿佛在动物园里观赏动物一般。

右页图：维多利亚的亚拉河谷一带仅有的几棵原始森林里的王桉之一，因当年砍伐者忽发善心才幸存至今

消失的 Totara[1]

“在瓜瓦斯站的这片原始森林里，我们站在几棵400岁到500岁的新西兰罗汉松（*Podocarpus totara*）脚下目瞪口呆。罗汉松最明显的识别标志就是树干上长长的沟槽。最大的一棵罗汉松树围足足有22米，我们估计树高可达100米。”

当我在树木学会年鉴里读到这段关于一次1995年的新西兰旅行的权威报道时，真的惊呆了。一棵树围达到66英尺（约22.12米）、高达330英尺（约100.58米）的罗汉松！的确是最高纪录了。除去北美红杉，这可是迄今为止全球最高的树木了。我一定得在这样的树木被吹倒或被人砍倒前，以最快的速度飞往新西兰。

后来我才明白，就像最聪明的人也会犯愚蠢的错误，像树木学会这样的学术性机构也会犯些低级错误。文章用的计量单位是米，而实际测量单位是英尺。如果用英尺，那些参天大树的惊人树围和身高立刻缩减为不到原来数据的三分之一。

四年后，我去了北岛纳皮尔港附近的瓜瓦斯站，亲眼看到了这棵报道中的罗汉松以及它周围的同伴们。它们确实引人注意。这种塔形的罗汉松曾是南岛和北岛大部分地区的主要树种。这种罗汉松和杉树曾被毛利人选来制作打仗用的独木舟，原因就是这些树的树干有棱形纹路，长得又直又高，而且木质坚硬如铁。当然，这些同样是森林砍伐者最喜欢的特点。在一个半世纪里，最高、最直、最好的罗汉松被彻底砍光了，变成了整个新西兰各地所需的屋顶板和篱笆。在20世纪60年代后期，珍贵无比的原始森林消失殆尽。巨大的树木因为大到电锯都无法锯倒，只好用推土机推倒，然后烧掉。大部分原始森林变成了农场，或种满一些快速生长的树木，比如来自加利福尼亚的辐射松。而那些消失的巨人从此就断了代。

所有这些变故都使瓜瓦斯站的罗汉松格外珍贵和重要。拥有3250公顷土地的迈克尔和卡罗拉·胡德森因其异乎寻常的“花园”而闻名，这里最特别的就是主打花旗松和像泡沫一样散落点缀在四处的稀有的木兰和杜鹃花。（卡莱恩家族自1856年起就拥有了这片土地，当年这个家族最小的一个儿子引诱了马车夫的女儿，然后又被告知不许给家族抹黑，于是被赶到了这里。参见我写的《英伦寻树记》）。野外生长的罗汉松确实是个意外。当毛利人首次开拓这片殖民地时，新西兰原本或许就是这样的：在一片布满了蔓生植物和矮小树木的灌木丛里，巨大的罗汉松像宝塔一样矗立着。

迈克尔的野生树林对于我的相机来说太大了。向西开了几公里后，在一片刚培育出的树林里，我拍到了一棵独立的、喇叭裤状的罗汉松。虽然这棵罗汉松并不高大，但非常漂亮，它是整个新西兰所剩不多的几棵罗汉松之一。

右页图：新西兰纳皮尔港附近的一棵罗汉松，罗汉松曾是新西兰原始森林的主要树种，但现在想找一棵看上去不错的罗汉松都很难了

1 编注：Totara 是毛利语，意为新西兰罗汉松。

和巨人作战的人

1994年5月，一位名叫兰迪·斯托尔曼的加拿大人在一场山难中丧生。加拿大从此失去了一位最英勇的斗士，正是他从砍木者手里拯救了许多原始森林，功不可没。

右页图中这棵树是他和他的同伴们拯救的成千上万的巨云杉（*Picea sitchensis*）中的一棵，这棵树生长在温哥华岛上的卡曼那山谷里。这棵树并不是最大的，但它身上一个长长的裂口吸引了我的眼球和镜头，这是一场风暴在这片潮湿且布满石松和甘草蕨的森林里留下的痕迹。

在英国，人们不觉得巨云杉有多漂亮。但在原产地的森林里，我不得不说它的美实在令人无法拒绝。势不可挡的根须，挂满苔藓和地衣的灰色针叶，使擎天柱般的树干变成200英尺（约60.96米）高的神秘华盖。

这片森林的一角已成为兰迪·斯托尔曼官方纪念场所，他的墓就在这里，因为这里有幸存下来的全世界最高的巨云杉。经测量，这棵被命名为“卡曼那巨人”的大树从长满苔藓的根部直到树顶利剑般搏击风雨的枝条，足有315英尺（约96.01米）。这棵树是一个大家族中的一员，之前曾有一个名叫麦克米伦·布洛戴尔的大型伐木公司准备将它们推倒，该公司从不列颠哥伦比亚省政府获得了树木砍伐的许可。在这场现代“巨人”的较量中，兰迪和加拿大西部的各环境保护组织自然站在了大树一边。伐木公司的路刚刚通到森林，环保者们就开始呼吁公众关注了。经过一场短暂且激烈的斗争，大型伐木公司和那些支持伐木公司的政客们，开始了战略性撤退。

要拯救“卡曼那巨人”和它周边的邻居意味着要建立一个大型的保护区。但多大才够呢？起初砍木者仅提供245公顷，后来增加到1329公顷。然而斗争并未终止。1990年政府被说服，同意在山谷的下游部分拿出8876公顷建立一个省立卡曼那太平洋公园。但山谷的上游部分是否也需要保护呢？毕竟上游决定着下游地区的干旱与否。环保者们不懈的斗争直到1994年6月才有了结果，政府宣布在整个山谷上下游地区，16 630公顷的范围内一律禁止砍伐。

温哥华岛长300英里（约482.8公里），西岸原始森林资源非常丰富并易于砍伐。我驾车沿着伐木专用的主要道路前进，当重型卡车的前灯照过来时，能把人吓得和兔子一样躲老远。轰鸣而过的超大型的载重卡车拉着100吨木材，几乎把整个砂石路都占满了。原始森林就像一块层次丰富色彩绚丽的织锦，也是栖息生命的美丽的马赛克。然而这件美丽的艺术品正在遭遇一次彻底清洗，先是办公室里用笔在地图上剿灭，然后是挥舞电锯在森林里铲除。用不了多久，这里将种满单调划一的花旗松，好比伤口上长出整齐的头发。

截至1990年，据估计伐木者已经砍光了相当于1954年覆盖温哥华岛南部的原始森林的四分之三的面积，毁灭原始树木的速度高达每年20 000公顷。

我希望这些数据是错的，但我有个感觉，“卡曼那巨人”能逃过此劫。哪怕就一次，在有魄力和勇气的人领导之下，在这场大树保护者和伐木者的战斗中，好人们定能获得胜利。

一棵加拿大的巨云杉，生长于温哥华岛卡曼那的兰迪·斯托尔曼纪念园，是全球最高的一棵巨云杉，多亏斯托尔曼和环保者们的努力才幸存下来

让我长眠在诺兰小溪旁

经过环保主义者长期的努力斗争，1938年华盛顿特区联邦政府同意在华盛顿州奥林匹克半岛以西300英里（约482.8公里）的地方建立一个国家公园。这个决定使四个生长着大量原始森林的雨林河谷免遭被砍伐的厄运，它们分别是：博加奇、可、奎次和奎纳尔特，对生长在这里的一些罕见珍稀的古树本书中早已做了介绍。然而，国家公园的边界设定有意排除了太多最有代表性和价值的原始森林，在太平洋西北的美加边境两边常常发生这样的情况。

右页图中的这棵树就生长在国家公园西部的一片原始森林的中心。不到30年前，伐木者还持有州政府的许可，可以将整个地区砍伐一空。当伐木者手持电锯接近这些北美乔柏时，意识到这棵大树［高达178英尺（约54.25米），体积达15 300立方英尺（约433.25立方米）］竟然是全球第三大的北美乔柏，他们都不忍下手了。这些伐木者大方地留下了这棵树，对他们来说这棵树可是相当于25 000美元的一笔巨款。

今天，这棵树还屹立着。如果说伐木者希望这棵树的存在彰显他们的良心未泯，那么对于树木他们其实了解的并不多。这些巨大的树木很难在四周空旷的地方生存。首先是苔藓和地衣消失，然后是树木本身开始死亡。现在这棵树就剩屈指可数几条还活着的枝条，树干早已枯朽褪色了。我相信这棵树的现状一定会使公众们获得一个信息，那就是若要保护古树，光靠做出这种免于砍伐的妥协毫无疑义，远不如拯救整个溪谷流域的所有森林，就像卡曼那的做法。你能想象吗，如果整个森林王国都灭亡了，作为森林之王的大树还能独活？过不了多久，这棵大树的遗骸也将长眠在诺兰小溪的旁边。

右页图：位于华盛顿州诺兰小溪旁边的世界第三大的北美乔柏，它幸运地逃过了砍伐者的电锯。但周围的同伴都不在了，而它也已经走向死亡，徒留尸骨

十个绿瓶子

十个绿色的瓶子挂在墙上

如果一个绿瓶子突然掉下来

还会有九个绿瓶子

——佚名

左页图：马达加斯加伊法第保护区里的一组猴面包树，在日落的余晖里，它们宛如一群粉色的大象缓缓地向我走来

森林的精神象征

我有一个爱尔兰朋友，其父生前贪恋杯中之物。其父去世后，这位朋友建了一个花园纪念他老人家漫长的一生，花园里还有一个全部由瓶子做成的墙。花园就叫“亡魂之园”。

有一天下午，当我乘着由一棵树挖成的独木舟横渡伊法第海湾时，忽然想起了这件事。这个海湾位于马达加斯加西南的图利亚拉的北面。据说前面就是一个私属的猴面包树保护区（包括红皮猴面包树和亮叶猴面包树），那是个距离海边半英里布满荆棘的森林，周围有防范山羊闯入的围栏。独木舟像海豚般轻快前行，离开旅馆时没选择出租车实在是个明智的选择。太阳不算炎热（此刻正是南半球的冬天），水路比旱路平缓顺畅得多。

20世纪初期，当那些为法国殖民政府工作的法国植物学家们看到马达加斯加幸存的植物资源如此丰富时，一定欣喜万分。这里有六种猴面包树，形态各异。当我走进保护区看到这些树时，也看呆了。这些树看起来形态各异，像是恶魔、头骨、瓶子、茶壶什么的，瓶子是最常见的形状。我看到最棒的一群猴面包树时，太阳已西沉了。当你看到远处有一组40英尺（约12.19米）高、宛如粉象的巨大的“瓶子”在草丛里默默地向你走来时，那种体验实在太奇特和令人兴奋了，我想到了朋友在爱尔兰的花园。不过在这里并没有“亡魂”。

令人悲哀的是，马达加斯加猴面包树，和其他同科属的珍稀的植物群一样，正濒临灭绝。在干旱贫瘠的西南部，砍伐不是最大的威胁，虽然猴面包树的树干可以用来搭屋顶，但因为它本身不够坚固，所以不适合做木材。最大的威胁还是发展中国家最常面临的困境：贫穷、过度生育、环境破坏。这些问题最终会将马达加斯加这面墙上的“绿瓶子”们个个击碎。

左图：伊法第保护区内最大的一棵猴面包树，样子恰如一把茶壶

右页图：伊法第保护区里一对连体猴面包树，树干上有当地村民为上树采蜜而凿的阶梯

独腿象

植物学家们在给植物命名时常常过于草率和不走心，而且我认为他们对待马达加斯加这棵高大优雅的棒锤树最欠公平。这棵树叫亚阿相界（*Pachypodium geayi*），不过它更常被称为“象腿”。如果象腿真是这样的，那这头大象该优雅得多么无与伦比呢。实际上这棵树更像一个又高又瘦的玻璃瓶，树顶那一把流苏似的枝条恰似一个瓶塞。我是在西南海岸图利亚拉北边的伊法第保护区内荆棘丛生的森林里看到它的。我对这个树种的理解全部来自照片，它还未被正式列入濒危树种的名单。但在整个马达加斯加，这里是唯一能看到亚阿相界的地方。

西南部这片荆棘遍布的森林就像这里的树木一样奇怪，比如“象腿”、猴面包树和其他树木，都用带刺的屏障将自己保护起来。这里绝大多数的树木和灌木丛都是该岛特有的。事实上，该岛80%的植物，也就是说有超过1000个物种是马达加斯加特有的。多刺其实是这些物种蓬勃个性的体现。有一位植物学家是这样描述它们的：多刺、铁丝般缠绕、茎叶肥厚多汁，且分泌牛奶状有毒的汁液，有的具备所有这些特征。我一点披荆斩棘的欲望也没有，要穿越这片森林，除非手持火焰喷射枪或有一头山羊带路。

图利亚拉南边，荆棘丛生的森林像海岸防线一般绵延了几百公里才渐渐消失。1786年，法国的蒙达韦伯爵毅然决定要在多芬堡港建立要塞，不过他意识此地缺少荆棘丛生的森林地貌对此十分不利。为了建起符合要求的防御设施，伯爵从不远的法属殖民地波旁岛（就是后来的留尼旺岛）引进了一些树种，比如全副武装的仙人掌。尽管仙人掌扩展迅速，但最终伯爵和他的朋友们还是没有逃过马达加斯加人的屠杀。法国人曾在此地大肆买卖奴隶。1900年，该岛成了法属殖民地，为了抗击入侵的法国人，仙人掌曾被当地的安坦德罗勇士作为武器。有时一个纵队的法国人会发现自己忽然被四周竖起的带刺的围栏团团围住。为了对付当地人，法国人从墨西哥引进了专门以仙人掌为食的胭脂虫（这些昆虫边吃边分泌出一种很著名的红色染料），用来摧毁带刺的包围圈。

我坐在阳光下欣赏当地农夫们烧荒。为了求得生存，牧场主们已把乡村的大部分地方变成了贫瘠的草地，特别是在干燥的西南部地区，这种现象更突出。在除了几个保护区之外的地方，高大优雅的亚阿相界似乎终将难逃灭绝的厄运。

右页图：伊法第保护区内一棵优雅高大的亚阿相界，而在保护区外，这样的大树是否难逃厄运呢？

穆龙达瓦的落日

世上能让人们驾车时观赏到日落的大路实在是不多，而位于穆龙达瓦的猴面包树大道却吸引好奇者们不断涌来。

实际上这是一条泥巴路，没有绿化，从马达加斯加西海岸的穆龙达瓦镇往北大约有半小时车程。这条路要穿过一片很大的猴面包树林，那里很久以前是一片森林。这就是大猴面包树（*Adansonia grandidieri*）的所在地，这个无可挑剔的名字代表着它是所有猴面包树里最宏伟的那一种。（它是以米歇尔·阿当松和阿尔弗雷德·格朗迪迪埃这两位法国博物学家的名字命名的。）这种树木现在已经非常罕见，而且濒临灭绝。由于数目锐减，国际植物学家在最近的一份调查报告中将其定为红色名录“濒危”等级。要养活的人口在增加，能留给猴面包树的地方则势必减少。从穆龙达瓦驱车过来的一路上，还有其他几处零散的猴面包树林，但似乎都无人照管；一些树木才被砍伐不久，残留的树桩上可见新冒出的幼芽；还有些树被人剥去了部分树皮，拿去搭建棚屋的屋顶。

因为旅游知名度很高，猴面包树大道旁边的树林至少目前是安全的。（但即使在这里我也看到了一个新的树桩，树干的大部分也被损毁。）整个树林里也许还生长着100棵猴面包树。这简直就是一幅萨尔瓦多·达利的风景画：矗立的树干就像一根根逐渐变细的金属管子，蓬乱的树枝像螺旋桨一般扣在树顶上。

这样的景象我从明信片上看得太多了（岛上每个旅游品商店和旅馆都在出售）。于是我租了一辆车，带我和其他游客去拍摄落日下的猴面包树。就在离日落这一戏剧性时刻还有十分钟时，太阳没了兴致，躲进了一片云里。

第二天我又来到了这里，提前两个小时在大路的中间架设好相机，为自己这趟旅行最重要的一刻做好了准备。路上不断有卡车隆隆驶过，车上挤满了农场的工人和装满了农产品，卡车掀起的烟尘遮天蔽日，我只好从三脚架上取下相机，等尘埃落定了再装回去。

六点了，又过了五分钟，也许再等两分钟？现在，太阳的金色余晖已经开始舔舐着15棵巨大的猴面包树树干的基部，淡蓝色的天空被晕染了一点粉红。这就是最佳时机吗？（毫无落日拍摄经验的我不免忐忑）就在此时，从我身旁一群友善的游客里走出一位身材高大的比利时女士，手持迷你相机穿过马路，宛如一个巨人般停在了我的镜头前。

我咽了咽口水。难道说我千辛万苦来到这里就等到这个结果？回想这一路，我经过89个机场，在根本不通风的走廊里忍着，冒着尘土和危险绕着地球跑了12 000英里（约19 312.13公里），在18个国家先后住过62家简陋的汽车旅馆。曾冒着摔断脖子的危险爬上了满是树胶的大树，甚至钻过铁丝网的隔离栅。

旅行者和诗人一样，都是疯狂的。我雷鸣般吼了一句：“请让一让！”这个巨人才不好意思地走开了。我的相机睁开了仅有的一只眼，夕阳中的面包树就被我抓到了。

下午阳光中的猴面包树大道，位于马达加斯加的穆龙达瓦，此刻我正在等待夕阳西下。

猴面包树大道的日落景象，也是我这一路跋涉时最激动不已的瞬间

树木清单

非洲

博兹瓦纳

猴面包树，*Adansonia digitata*，卡拉哈里沙漠

马达加斯加

榕树，*Ficus* sp.，图里亚拉镇附近

亮叶猴面包树，*Adansonia za*，穆龙达瓦附近

红皮猴面包树，*Adansonia rubrostipa*，图里亚拉镇附近

大猴面包树，*Adansonia grandidieri*，穆龙达瓦附近

亚阿相界，*Pachypodium geayi*，图里亚拉镇

巴洛尼榕，F*icus baronii*，安布希曼加

摩洛哥

阿甘树，*Argania spinosa*，阿加迪尔

南非共和国

猴面包树，*Adansonia digitata,* 克雷泽里

樟树，*Cinnamomum camphora,* 伐黑列亘

大榕，*Ficus ingens,* 勒斯滕堡

亚洲

日本

樟树，*Cinnamomum camphora*，东京附近的热海；武雄

银杏，*Ginkgo biloba*，善福寺，东京

日本柳杉，*Cryptomeria japonica*，“绳文杉”，屋久岛；雾岛

斯里兰卡

垂叶榕，*Ficus benjamina*，康提植物园

榕树，*Ficus* sp.，康提植物园

菩提树，*Ficus religiosa*，阿努拉德普勒

土耳其

黎巴嫩雪松，西格利卡拉自然保护区，艾马利

希腊圆柏，*Juniperus excelsa*，西格利卡拉自然保护区，艾马利

木犀榄，*Olea europaea*, 凯科瓦

欧洲

法国

欧洲水青冈，*Fagus sylvatica*，韦尔济，兰斯

夏栎，*Quercus robur*，“教堂橡树”，阿卢威尔，诺曼底

德国

阔叶椴，*Tilia platyphyllos*，“跳舞的椴树”，格雷茨塔特，巴伐利亚；“沃尔夫林”，里德，巴伐利亚

夏栎，*Quercus robur*，“法官栎树”，威斯特伐利亚

希腊

三球悬铃木，*Platanus orientalis*，“希波克拉底的悬铃木”，科斯岛

意大利

落羽杉，*Taxodium distichum*，圣托索

地中海柏木，*Cupressus sempervirens*，韦鲁基奥，里米尼附近

落叶松，*Larix decidua*，瓦尔蒂莫，蒂罗尔

荷花玉兰，*Magnolia grandiflora*，帕多瓦

爱尔兰

欧洲水青冈，*Fagus sylvatica*，塔利纳利，韦斯特米斯郡

葡萄牙

大叶南洋杉，*Araucaria bidwillii*，布萨科

澳洲大叶榕，*Ficus macropyhlla*，科英布拉

西班牙

龙血树，*Dracaecena draco*，特内里费岛，加那利群岛

瑞典

夏栎，*Quercus robur*，“科威利肯千年古栎树”，魏尔镇，瑞典南部

北美洲

加拿大

巨云杉，*Picea sitchensis*，卡曼那山谷，温哥华岛

美国

长寿松，*Pinus longaeva*，因约国家公园，怀特山，加利福尼亚

北美红杉，*Sequoia sempervirens*，杰迪戴亚·史密斯州立公园，加利福尼亚；草原溪州立公园，加利福尼亚

花旗松，*Pseudotsuga menziesii*，奎纳尔特湖，华盛顿州

巨杉，*Sequoiadendron giganteum*，巨杉国家公园，加利福尼亚；“单身汉与三位淑女”，优美胜地国家公园，加利福尼亚；“谢尔曼将军树”，国王峡谷国家公园，加利福尼亚

黄鳞栎，*Quercus chrysolepis*，小叶丝兰国家公园，加利福尼亚

光叶榉，*Zelkova serrata*，“盆景树”，亨廷顿花园，加利福尼亚

小叶丝兰，*Yucca brevifolia*，小叶丝兰国家公园，加利福尼亚

弗吉尼亚栎，*Quercus virginiana*，约翰岛，南卡罗来纳

大果柏木，*Cupressus macrocarpa*，蒙特雷，加利福尼亚

大叶枫，*Acer macrophyllum*，霍伊峡谷，华盛顿州

槐树，*Sophora japonica*，埃德加敦，玛撒葡萄园岛

巨云杉，*Picea sitchensis*，红宝石海滩，华盛顿州

北美鹅掌楸，*Liriodendron tulipifera*，弗农山庄，弗吉尼亚

异叶铁杉，*Tsuga heterophylla*，奎纳尔特湖，华盛顿州

西美圆柏，*Juniperus occidentalis*，优胜美地国家公园，加利福尼亚；亨廷顿花园，加利福尼亚

北美乔柏，*Thuja plicata*，卡勒洛克，华盛顿州；诺兰小溪，华盛顿州

墨西哥

墨西哥落羽杉，*Taxodium mucronatum*，“埃尔·阿沃尔”，图莱，瓦哈卡城附近

大洋洲

澳大利亚

澳洲猴面包树，*Adansonia gregorii*，“餐厅树”，德比；“囚徒树”，德比附近

王桉，*Eucalyptus refnans*，亚拉河谷；维多利亚黑色支线植物园

杰克逊尼桉，*Eucalyptus jacksonii*，沃尔波尔城，西澳大利亚

新西兰

北美红杉，*Sequoia sempervirens*，罗托鲁阿，北岛

南方贝壳杉，*Agathis australis*，“提·马腾·盖黑尔”（森林之父）；“唐尼·马胡塔”（森林之神），怀波瓦，北岛

铁心木，*Metrosideros robusta*，布希公园，北岛

新西兰罗汉松，*Podocarpus totara*，瓜瓦斯站，纳皮尔港附近，北岛

参考文献

杂志与期刊

The Dendrologist

The Gardener's Chronicle

The Gardener's Magazine

The Garden (1-xx)

International Dendrology Society Yearbook (1965-2001)

International Dendrology Society Newsletter (1998-2001)

Kew (1991-2002)

The Plantsman

网站

Lonely Planet Guides: www.lonelyplanet.com

Rough Guides: www.roughguides.com

American Forests: www.elp.gov.bc.ca/rib/sdc/trees.htm

Gymnosperm Database: www.conifers.org

National Register of Big Trees: www. davey.com/cgip-bin/texis/vortex/bigtrees

论文

（除非另加说明，出版地均为伦敦）

Abete editions, *Gli Alberi Monumentali d'ltalia*, 2 vols., Rome 1990

Altman, Nathaniel, *Sacred Trees* (Sierra Club, San Francisco 1994)

Bean, W. J. and eds., *Trees and Shrubs Hardy in the British Isles*, 4 vols and supp. (8th edn., 1976)

Bourdu, Robert, *Arbres Souverains* (Paris 1988)

Brooker, Ian and Keeling, David, *Eucalypts. An Illustrated Guide* (Port Melbourne, 1996)

Carder, Al, *Forest Giants of the World Past and Present* (Ontario 1995)

Elwes, H. and Henry, A., *The Trees of Great Britain and Ireland* (Edinburgh 1906-1913)

Evelyn, John, *Sylva or a Discourse on Forest Trees* (1st edn., 1664, Dr. A. Hunter's edn., 1776)

Fairfield, Jill, *Trees, A Celebration* (New York 1989)

Featherstone, Alan Watson, *Trees for Life Engagement Diaries* (Findhorn, Scotland 1991-2001)

Flint, Wendell D., *To Find the Biggest Tree* (Three Rivers, California 1987)

Frohlich, Hans Johan, *Wege zu Alten Baumen, Band 2, Bayern* (Frankfurt 1990); *Band 4, Nordrhein-Westfalia* (Frankfurt 1992)

Griffiths, Mark, *Index of Garden Plants. The New R.H.S. Dictionary* (Portland, Oregon 1994)

Griswold, Mac, *Washington's Gardens at Mount Vernon. Landscape of the Inner Man* (Boston 1999)

International Tree Society, *Temperate Trees under Threat* (1996)

Johnson, Hugh, *The International Book of Trees* (1973)

Johnston, Hank, *They Felled the Redwoods* (Fish Camp, California 1996)

Levington, Anna and Parker, Edward, *Ancient Trees* (1999)

Loudon, John Claudius, *Arboretum et Fruticetum Britannicum*, 8 vols (2nd edn., 1844)

Mabberley, D.J., *The Plant-Book* (2nd edn., Cambridge 1997)

Menninger, E.A., *Fantastic Trees* (Reprint, Portland, Oregon 1995)

Milner, Edward, *The Tree Book* (1992)

Mitchell, Alan, *Field Guide to the Trees of Britain and Northern Europe* (Reprint, Collins, 1979)

Mitchell, Alan, *Trees of Britain and Northern Europe* (Reprint, Collins/Domino, 1989)

Muir, John, *In American Fields and Forests* (Cambridge 1909)

Muir, John, *Our National Parks* (New York 1894)

Muir, John, *The Mountains of California* (New York 1894)

Oldfield, Sara and eds., *The World List of Threatened Trees* (World Conservation Union, Cambridge 1998)

Palgrave, Keith, *Trees of Southern Africa* (Cape Town, 5th impn., 1991)

Palmer, E. and Pitman, N., *Trees of Southern Africa* (Cape Town 1972)

Rushton, Keith, *Conifers* (1987)

Schama, Simon, *Landscape and Memory* (1995)

Spongberg, Stephen, *A Re-Union of Trees* (1990)

Steedman, Andrew, *Wanderings and Adventures in the Interior of South Africa*, 2 vols (London 1835)

Stoltmann, Randy, *Hiking the Ancient Forests of British Columbia and Washington* (Vancouver 1996)

Van Pelt, Robert, *Champion Trees of Washington State* (Seattle 1996)

Van Pelt, Robert, *Forest Giants of the Pacific Coast* (Global Forest Society, Vancouver 2001)

图片索引

索　引

斜体页码表示插图

H

I

J

K

L

Q

R

S

T

U

V

W

Y

Z

图书在版编目（CIP）数据

秘境里的奇树 /（英）托马斯·帕克南著；张微,姚玉枝,彭文译. — 北京：商务印书馆, 2019
ISBN 978－7－100－17252－3

Ⅰ. ①秘… Ⅱ. ①托… ②张… ③姚… ④彭… Ⅲ. ①树木—摄影集②游记—世界 Ⅳ. ①S718.4-64②K919

中国版本图书馆 CIP 数据核字（2019）第061636号

秘 境 里 的 奇 树

〔英〕托马斯·帕克南 著

张 微 姚玉枝 彭 文 译

商 务 印 书 馆 出 版
（北京王府井大街36号 邮政编码 100710）
商 务 印 书 馆 发 行
山 东 临 沂 新 华 印 刷 物 流
集 团 有 限 责 任 公 司 印 刷
ISBN 978－7－100－17252－3

2019年10月第1版 开本 787×1092 1/16
2019年10月第1次印刷 印张 13¼

定价：98.00元